珊瑚很有事

珊瑚保育×環境藝術×手作針織×珊瑚教案

Coral & Crochet Reefs

國立海洋科技博物館 著
NATIONAL MUSEUM OF MARINE SCIENCE & TECHNOLOGY

五南圖書出版公司印行

序 一

珊瑚礁是海洋中的熱帶森林，具有高度生產力與豐富的海洋生物多樣性及完整的生態系，能提供多樣的海洋生物棲息、成長及繁衍的環境，並提供初級生產力、海岸保護、生物碳匯等生態系服務等功能，甚至能提供海洋休閒觀光等經濟價值，卻容易受人為因素及環境變遷而破壞、消失，至於全球海域因過度捕撈、汙染及棲地破壞等原因，早已造成海洋資源的枯竭的現象，以海洋教育為任務的海科館更是刻不容緩的積極推展以珊瑚保育為主軸的海洋教育活動。針織珊瑚計畫從 2016 年開始到 2018 年到台灣各地學校及社區進行推廣活動，參加的學校及社區志工透過一針一線，織起大家保護珊瑚礁生態系的共同心願，所共同勾織創作的藝術品在成果展展出，傳遞海洋保育的概念，搏得不少民眾的讚賞。本書特別將這三年的針織珊瑚教育推廣成果及經驗轉化成圖文專刊，分成三個層面：從基本的認識珊瑚、到環境藝術的表現及手作針織珊瑚技法，希望不只作為各單位規劃珊瑚保育活動之參考資料及教材，另外喜歡動手做而且對珊瑚生態及海洋生物勾織有興趣的人，都可以藉此書得到有用的資訊，也讓更多人與海科館一同逐步實踐「知海、親海、愛海、與永續海洋」的目標。

館長

吳俊仁

國立海洋科技博物館

2018.12.31

序　二

海科館辦活動最常出現的人，就是本來就熱愛海洋的民眾，如何突破同溫層，吸引原來沒有興趣的民眾來參加，對每一個社教館所都是挑戰。剛好看到在美國有「針織珊瑚」的報導，以數學為出發，讓勾毛線的婦女們注意到珊瑚保育，真的是一個很奇妙的組合。但是我一直認為環境教育與「針織珊瑚」才是更佳的組合。

很巧英國環境教育藝術家 Sue Bamford 在浮球上用毛線編織珊瑚，喚起我一直想要推「針織珊瑚」的想法，兩人一拍即合，隔年剛好 Sue 沒有特別的計畫，但是當時館內並沒有計畫可支援，所以兩人約定好 Sue 自籌旅費來台灣，我負責找材料經費。向館長報告時，館長只交代一句：「要做就至少要執行三年，做出成效。」當下是有壓力的，但是以環境教育為本的「針織珊瑚」計畫，就在極節儉的經費規模開始了。還好很幸運的第二年、第三年申請到環保署的計畫挹注，使本計畫能更有規模及系統地到全台各地去推廣。

海科館的「針織珊瑚」讓勾毛線的活動再次在校園、社區恢復，配合到海科館實地參觀珊瑚復育養殖現場，回到學校的師生創作的靈感更多，想要大眾知道珊瑚有難的心也更殷切，所以做出來的作品又更加的感動人。到了第三年，不只海科館織女隊的針織海洋生物功力已經達到專業級水準，各個學校及社區參加成果展的作品也是令人驚艷，成果展讓遊客驚覺，原來在海洋裡、珊瑚礁裡發生這麼多的問題，需要大家來關心；另外讓遊客大開眼界的是「針織」竟然可以有這麼多的變化。

推動的這三年，發覺男生與女生的作品是不分軒輊的，看到社區、老師及學生的正面回饋，心裡是滿滿的感動。本計畫的成果不只是環境教育，也是海洋教育、藝術教育、國際教育、性平教育及合作學習，過程中的舒壓效果，只有參與過的人才能深切體會。感謝 Sue、乃正、淑菁三位主要計畫執行人，佈展藝術指導宏維，海科館織女淑惠、桂涵、麗娜、玉琴、玉英、招芬、春英、麗鳳、翠萍、淑真的辛勞，彬如、映伶、建華、淑娘、翠珠、桂伎、Brain、俊吉、世寬、正良的一旁協助，尤其是淑菁是織女隊的工頭加導遊，讓大家一邊工作一邊吃喝，日子充實而有趣。還有基隆藝術輔導團的杏蓉老師及愷翎老師協助參與學校的招募。當然沒忘記各地學校及社區的熱情招待，真的超感謝大家的！

用藝術來關心環境議題是人人可以參與的活動，藉由此書邀請您一起拿起針線來關心珊瑚礁、關心海洋。

展示教育組組主任

陳麗淑

Contents

Chapter 2 珊瑚很重要

Chapter 3 藝術能做什麼？

Chapter 5 珊瑚教案分享

前　言

海洋的熱帶雨林：珊瑚礁生態系

地球上有許多的生態系，沒有固定範圍，沒有固定大小。在生態系裡住著許多生物，相互作用形成複雜的食物鏈，彼此是以互利共生關係或是寄生關係生存在地表。

占了地表約 70% 的海洋也存在各式生態系，例如：潮間帶生態系、珊瑚礁生態系、大洋生態系、深海生態系屬於常態性質的生態系，當然也有屬於短暫型的鯨屍生態系、熱泉生態系等。其中，有著和陸域熱帶雨林中一樣潮濕、溫暖、顏色繽紛及生物多樣性特質的珊瑚礁生態系就被稱為海中的熱帶雨林，也是海洋中生物種類最多、分布最密集、生物量也最豐富的生態系。

珊瑚礁生態系

目前世界上現生珊瑚分布的區域不到所有海洋面積的千分之二，但約有四分之一以上的海洋生物種類居住於其中，或仰賴珊瑚礁生態系為生。從構造簡單的單細胞生物，到各式藻類、無脊椎動物，甚至構造與行為都極為複雜的脊椎動物，都能在珊瑚礁生態系中發現蹤跡。也因為各式各樣的生物匯聚在此處，使得珊瑚礁生態系的生物多樣性媲美陸域生態系中的熱帶雨林。

由於珊瑚生長的特性，使世界上的珊瑚礁主要分布

The diversity of wildlife on the oceanic zones

於溫暖清澈的熱帶淺海區，多以赤道為中心，隨緯度增加，種類逐漸減少，通常以水溫 20℃的等溫線為分界。台灣位於珊瑚種類多樣性最高的珊瑚大三角（Coral Triangle）的北方頂點處，其中大約有 1000 種造礁珊瑚，台灣海域就已包含 300 多種。此外，台灣也是全球海洋生物多樣性的熱點之一。

全球珊瑚分布位置

Chapter 1

珊瑚是什麼？

房東與房客的關係

能量來源

成長的過程

落腳處

珊瑚不一樣

聚珊瑚成礁

房東與房客的關係

海洋中的珊瑚礁生態系裡，最基礎、最具代表性的物種就是珊瑚，牠們通常不會移動，看起來既像植物又像礦物，但其實是不折不扣的動物界成員。珊瑚和水母、海葵、水螅一樣屬於刺絲胞動物門（Phylum Cnidaria，舊稱腔腸動物門）的一員，但大多數珊瑚是以群體的形式存在，其最小的個體單元稱作「珊瑚蟲」（polyp），細部構造可分為觸手、珊瑚孔和開口底下的腸腔等。

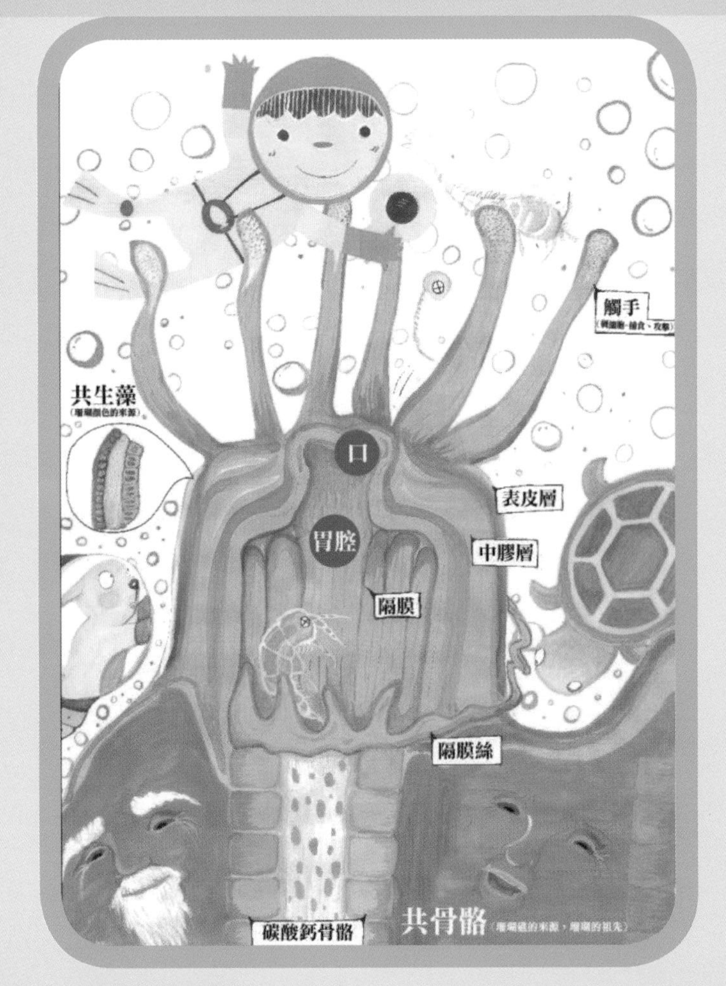

珊瑚蟲的構造

珊瑚蟲之間有共肉組織相連，許多珊瑚蟲相連在一起共同生活稱為珊瑚群體，在一個地區各種不同種類的珊瑚群體則合稱作珊瑚群聚。珊瑚蟲、珊瑚群體和珊瑚群聚之間的關係，就好比花朵、植物、森林的三種層次。

珊瑚蟲雖然不像水母或其他動物一樣會到處移動，但其觸手上的刺細胞是捕捉食物的利器，可以利用擺動的觸手捕捉海水中的浮游生物從口部進食，再由口部將食物殘渣排出。一個珊瑚群體裡是不分彼此共享養分的，但受限於自身無法主動覓食，除了居住在水流強勁海域的種類外，大多的養分來源都需要靠體內共生的藻類行光合作用產生後提供給珊瑚宿主。珊瑚蟲和共生藻之間的關係，就好比房東提供空間給房客並收取租金一樣，這也是生物界裡互利共生的最佳範例。

珊瑚利用觸手捕食

能量來源

珊瑚生存的方式

在珊瑚體內共生的藻類稱為蟲黃藻或是珊瑚共生藻，蟲黃藻屬於褐藻，是渦鞭毛藻的一種。藻類能進行光合作用，也就是用太陽能、二氧化碳、水及無機物質製造有機物質及氧氣，其與珊瑚的共生關係，就像房客（珊瑚共生藻）繳房租給房東（珊瑚蟲）的概念。

珊瑚共生藻是個非常大方的房客，行光合作用所製造的有機物質有九成以上會提供給房東珊瑚蟲作為養分，此外，珊瑚共生藻的光合作用可促進珊瑚的鈣化作用達2～3倍，使碳酸鈣骨骼的生長速度超過被海浪及其他生物侵蝕的速度。以石珊瑚為例，石珊瑚群體一起生長可產生大量碳酸鈣骨骼，故可形成珊瑚礁岩。大多數石珊瑚的骨骼是白色，而活體組織則是透明無色的。

珊瑚的色彩主要來自共生藻或攝食獲得之營養，其中好的一部分被製作成螢光蛋白。螢光蛋白就像是珊瑚的遮陽板，可以調節強光的傷害，光的傷害越大，珊瑚會製造越多的螢光蛋白來保護自己，顏色看起來就越鮮艷，但加上共生藻本身的顏色，可以讓珊瑚的顏色看起來健康不妖豔。若環境異常造成共生關係被破壞，珊瑚共生藻離開，珊瑚蟲便會失去主要的養分來源，珊瑚也就只剩螢光蛋白色。如果環境繼續惡化，珊瑚也會逐漸白化，除非環境恢復使珊瑚共生藻重新回到珊瑚蟲體內，否則白化的珊瑚就只能走上死亡。

珊瑚為了覓食及得到行光合作用的機會，會爭取地盤攻擊其他珊瑚或海葵。若外在環境變得惡劣（通常是水溫過高或泥沙覆蓋）不適合共生藻生存，共生藻便會離開珊瑚體內，造成珊瑚白化現象，惡化時間過長則會造成珊瑚群體的死亡。

成長的過程

珊瑚的生殖

珊瑚的生活史同時具有無性生殖和有性生殖兩種不同形式，有性生殖的次世代經過親代染色體的重組與再結合，產生許多不同的組合結果，面對環境變遷時，存活下來的子代具有多變的適應力與抵抗力，延續可以適應環境的族群特性。無性生殖是複製基因一模一樣的個體擴大自己的群體，以穩固地盤、增加族群面積及同時段的競爭機率的一種生殖生存方式。在這兩種生殖的策略下，才可以讓我們看見從中三疊紀距今 2.1 億年前到現在仍存活的珊瑚。

珊瑚的無性生殖又可分為分裂生殖、出芽生殖、斷裂生殖和脫出生殖四種方式。分裂生殖是珊瑚最基本的擴大領域、壯大家族群體的方式，珊瑚復育的基座也是要靠珊瑚自己分裂生殖附著以穩固生長的基底。從盤星珊瑚表面就可以看到一個細胞分裂成兩個細胞的過程及樣貌，以數字的 0 與 8 來說明是最容易理解的：單一細胞的形狀就像 0，漸漸的拉長後細胞核分裂成兩個，細胞壁再各自縮起，分裂成 8 的樣子。

分裂生殖

出芽生殖便是珊瑚蟲直接從觸手環的內部或外部長出新的芽體，隨後芽體再生長發育成新的珊瑚蟲。一般珊瑚多用這種方式促進珊瑚群體的發展。

斷裂生殖則是大型珊瑚個體因外力受損後，其較小的組織碎片或碎塊掉落到附近的底質上，若掉落的底質合適珊瑚生長，便會再次附著形成新的珊瑚群體。珊瑚復育也多以撿拾斷裂的珊瑚殘枝做為種植復育的苗種。

脫出生殖是珊瑚蟲特化成實囊幼蟲顆粒（planulae）脫離原本的骨骼出來尋找適合的環境附著的生殖方式，是一種特別又少見的生殖方式，其中被發現的有尖枝裂孔珊瑚及柱珊瑚。

出芽生殖

有性生殖就是親代產生精子和卵子，透過精卵結合後形成珊瑚蟲幼體。此時的珊瑚蟲幼體仍在水體中漂流，直到找到合適的地點落腳後，再透過無性的出芽生殖及分裂生殖增生發展成新的珊瑚群體。

珊瑚的有性生殖還能細分成體外受精（排放型）和體內受精（孵育型）兩種，約五分之四的珊瑚種類都屬於體外受精，會將精卵直接排放到海水之中任其受精，成功受精的受精卵便發育成珊瑚幼生，珊瑚幼生會在水體中漂流一段時間，找到合適底質後便附著下來，長大成為新的珊瑚群體。

體內受精的孵育型珊瑚如束形真葉珊瑚（又稱火炬珊瑚）則是僅放出精子，在母體體內受精形成受精卵，隨後在母體腸腔內或母體表面孵育成幼蟲，待適當時機釋放到水體之中，再尋找合適地點落腳生長，形成新的珊瑚群體。

值得一提的是，台灣墾丁區域的珊瑚，每年在媽祖生日（農曆三月二十三日）前後，入夜後便有許許多多種類的珊瑚會在同一時間集體排卵，其壯觀程度可說是台灣珊瑚礁生態系最有名的奇觀之一。台灣北部海域的珊瑚則在五六月集

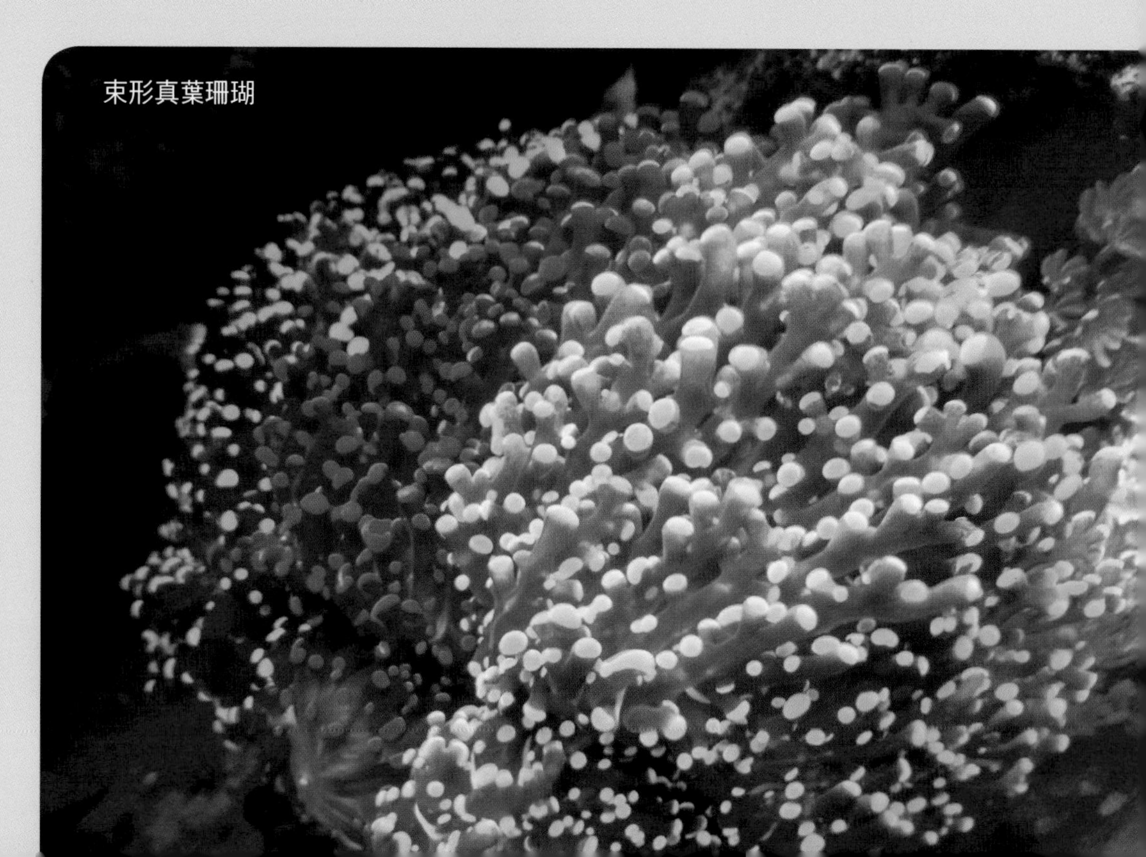
束形真葉珊瑚

體進行生殖活動。珊瑚集體排放精卵，當大量五顏六色的卵塊漂浮海面，綿延分布蔚為奇觀。這樣的海洋盛事在全世界的珊瑚礁區都會因日照、水溫、海流等環境因子在不同的時間點群聚性發生。

不同區域環境有著不同的物種，台灣珊瑚族群的研究以台灣北部—澎湖與台灣南部—東部為兩大族群，而依賴珊瑚礁生存的生物物種也依此分成了兩大族群。海流就像是幼苗的輸送帶，提供了不同地點生物族群間的連結性，同時代表著台灣周圍的海流對於珊瑚族群分布及基因交換有極大的影響跟效應。但現今的大環境因溫室效應造成海水暖化，也影響了南部物種北移的現象。

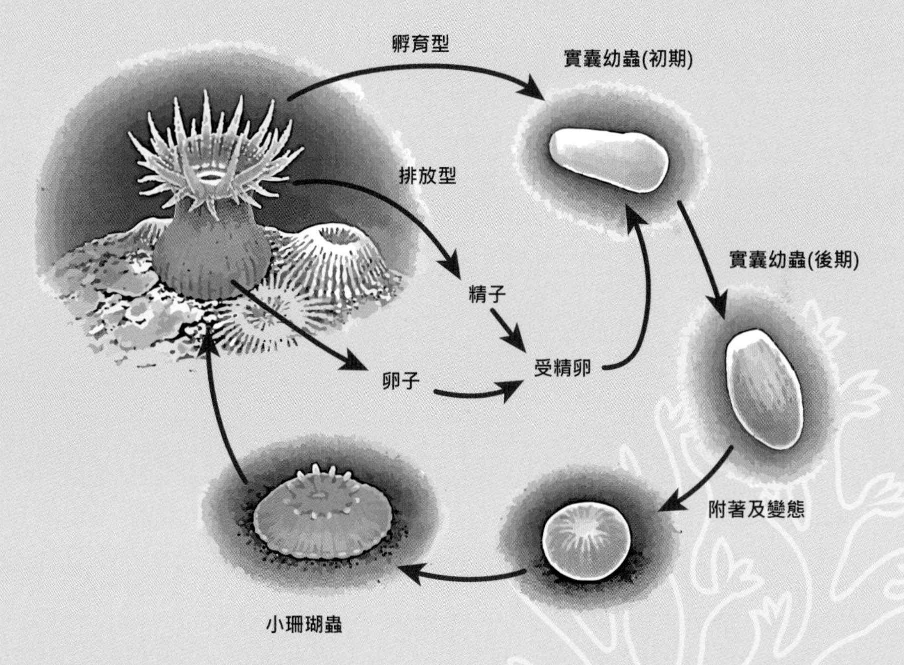

珊瑚的生活史

生長的環境

珊瑚雖然能透過觸手抓取浮游生物為食，但主要養分多仰賴體內的共生藻提供，因此需要有充足的陽光和清澈的海水，使共生藻能行光合作用產生養分提供給珊瑚蟲，才足夠讓珊瑚健康的成長茁壯，故造礁珊瑚主要都分布在水深約 30 公尺以內的淺海地區。其中，造礁高手石珊瑚形成大型的礁岩，而軟珊瑚雖然無法造大型礁岩，但其骨針可以填補礁岩的縫隙，讓礁岩更為穩實，連帶使其他依賴珊瑚礁生存的生物也能夠在此蓬勃發展。

光照強度會影響珊瑚生長，但對珊瑚影響最深的環境因子為水溫。大多數的造礁珊瑚喜歡生長在水溫 23 ～ 28℃的環境中，若水溫低於 18℃或高於 30℃以上，都不利珊瑚生存，還可能造成珊瑚的白化甚至死亡。由於珊瑚蟲是底棲生物，故需要合適的硬底質供其附著，才能持續成長茁壯，站得穩才能降低自然災害如風浪、颱風等引起的破壞。此外，附近的海流情況是否能夠及時將這些不利條件去除，也會影響該地珊瑚礁的發展。洋流的方向會影響珊瑚礁的種類組成，由於珊瑚的生活史中會經歷一段漂浮時期，所以若有洋流帶來的新生珊瑚幼生不斷入添，縱使珊瑚礁生態系受創，也能較快恢復原有的生機。

除了生長條件較為嚴苛的造礁珊瑚外，光照不足的較深海域（海面下 30 ～ 200 公尺）以軟珊瑚為主，柳珊瑚則喜歡在水流強勁的地方生長，各區域都有不同的珊瑚種類，適應各樣的環境。在陽光照射不到的地方住著深海珊瑚，甚至有可能在深度超過一千公尺的海域中生存，珊瑚蟲身體內沒有共生藻，僅靠捕捉浮游生物及吸收海中的礦物質緩慢地建構深海珊瑚的樣貌。

台灣海域的珊瑚

四周環海的台灣位處於北迴歸線經過的亞熱帶地區，終年水溫大多溫暖，適合珊瑚生長，因此只要有適宜的硬底質便有機會讓珊瑚附著生存。但由於洋流等水文及地質環境條件的差異，各海域的珊瑚種類數及生長情況有所不同。

台灣西部多為沙質海岸，無法堅固地附著，加上水流、風浪可能造成沙地被揚起覆蓋珊瑚，或是造成混濁的海水，種種條件不利珊瑚生長，以往的調查研究也較少觸及。台灣的南部、東部、北部及離島地區則皆有許多種類的珊瑚分布。其中以南部的恆春半島、綠島及蘭嶼沿岸海域最適合珊瑚礁生長發展，種類數也是全台最多，約有 300 多種造礁珊瑚。東部、北部及其他離島海域則是零星分布的珊瑚礁或珊瑚礁群聚，造礁珊瑚種類也較少，約為 100 ～ 150 種左右。此外，位於熱帶南中國海的東沙環礁及南沙太平島海域，由於水溫更高，且更靠近珊瑚大三角的中心，其造礁珊瑚種類估計可能已達到 300 種以上。

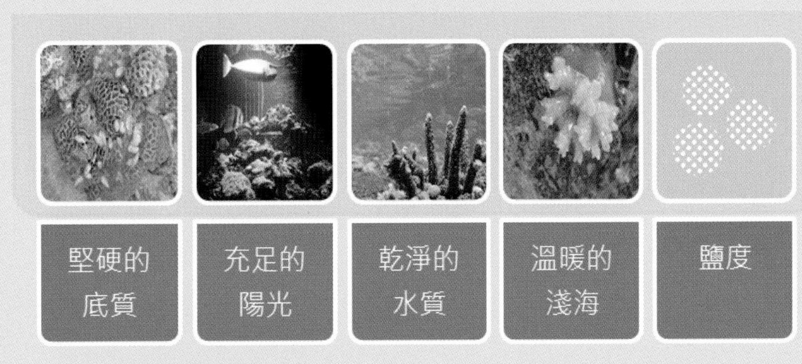

造礁珊瑚生長的五大因子

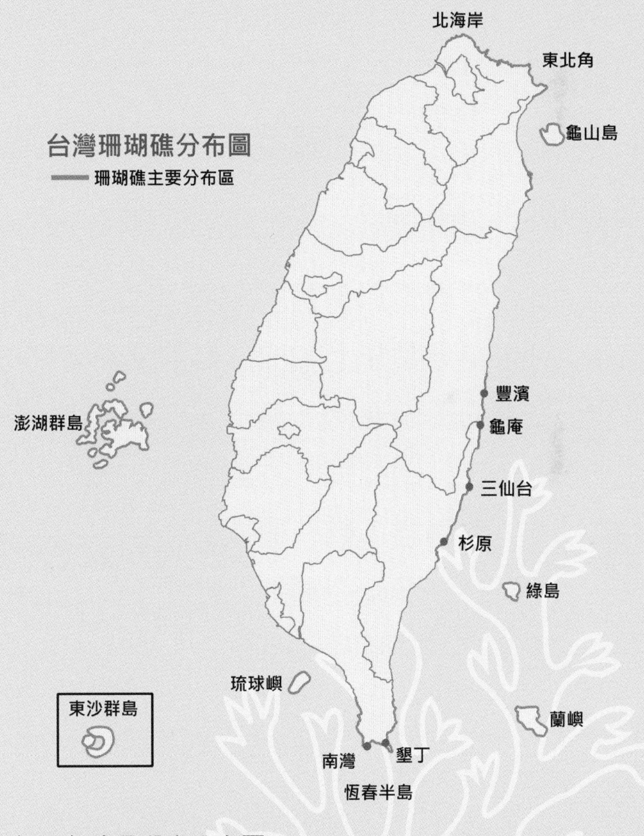

台灣海域珊瑚礁分布圖

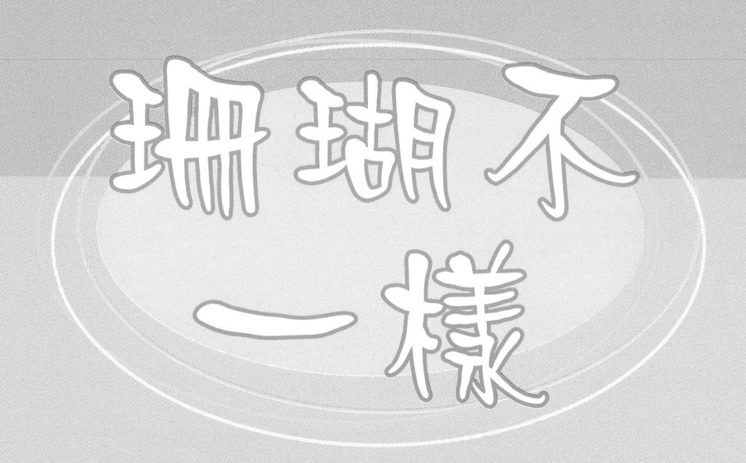

珊瑚不一樣

珊瑚的種類

各式各樣琳瑯滿目的珊瑚，要怎麼將其分門別類呢？在正式的生物分類學上，一般常見的珊瑚大多屬於動物界刺胞動物門下的珊瑚蟲綱，其下又可依觸手的數目分為六放珊瑚亞綱和八放珊瑚亞綱。六放珊瑚亞綱的觸手數目是六或其倍數，其中也包含造礁石珊瑚和不形成鈣質骨骼的海葵、菟葵等種類；八放珊瑚亞綱的觸手數目則皆為八隻，主要常見種類為軟珊瑚、柳珊瑚、笙珊瑚、藍珊瑚等。

大多數的介紹則依照外部形態的差別，將珊瑚分為石珊瑚、軟珊瑚、柳珊瑚三大類。具有堅硬碳酸鈣基底骨骼的稱為硬珊瑚，外觀柔軟且沒有堅硬碳酸鈣基底骨骼的稱為軟珊瑚，外觀呈樹枝或長條狀的則稱為柳珊瑚。

石珊瑚

顧名思義，有堅硬的碳酸鈣骨骼，具有造礁能力而成了珊瑚礁界的建築高手，也是珊瑚礁的主力。其觸手數為六或六的倍數，其群體生長形態也有各自的特徵，各式形態豐富的珊瑚樣貌讓我們產生了許多趣味的想像，如：

樹枝形或樹叢型的軸孔珊瑚和鹿角珊瑚，大多是分枝狀，枝枒交錯，不僅生長快，也提供許多空間給其他生物利用。

桌面形的珊瑚如桌形軸孔珊瑚為橫向發展，如同一張桌面，底下有一塊強而有力的碳酸鈣骨骼支撐柱。

表覆形的珊瑚，通常以一薄層覆蓋在底質表面，形態不起眼，卻很常見。

腦形的腦紋珊瑚或瓣葉珊瑚，表面有複雜如迷宮或腦紋般的紋路。

團塊形珊瑚如團塊微孔珊瑚，像一個個大圓球或小山丘，往往是最長壽的珊瑚。

柱形的珊瑚群體，狀似單獨聳立的圓柱，通常會群聚在一起生長。

葉片形珊瑚，其骨骼常以薄片狀橫向接續生長，形成層層相疊的外觀，

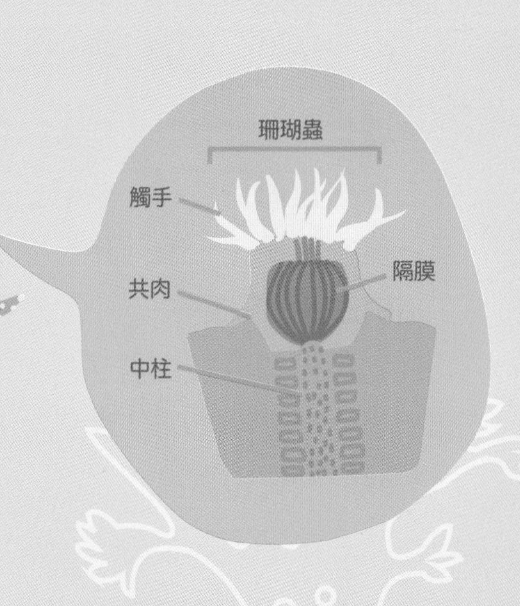

例如葉形表孔珊瑚。

香菇形的蕈珊瑚有著和菇類背面菌摺一樣的紋路，成體脫離固著點而游離生活，可以隨海流而緩慢移動，屬於會移動的珊瑚。

軟珊瑚

軟珊瑚屬於八放珊瑚，牠們的每個珊瑚蟲都有八隻觸手，缺乏堅硬的骨骼，只有細小的骨針分散在肉質組織中，讓軟珊瑚的形態柔軟，又有足夠支撐力以應付海流沖擊。軟珊瑚的造礁能力遠遠落後石珊瑚，但可不能小看骨針，它填補了造礁珊瑚的隙縫。

軟珊瑚的外表造型多樣，有伸出觸手時像個花冠、不伸出觸手時則像塊豬肉的花冠肉質軟珊瑚，有一個個形狀有如杯子的杯狀肉質軟珊瑚，也有一株株像稻穗花朵的棘穗軟珊瑚，還有觸手看似羽毛一般的羽毛狀的羽枝變異軟珊瑚。

柳珊瑚

柳珊瑚屬於八放珊瑚，每個珊瑚蟲也有八隻觸手，跟軟珊瑚最大的差異是柳珊瑚多了一種由角蛋白和鈣質骨針組成的中軸骨，也因此當柳珊瑚生活時柔軟而有韌性，死亡之後留下的骨骼就堅硬而易脆。其外表形態如扇子的常被稱為海扇，如樹叢形的被稱為海樹，還有細長鞭狀的海鞭珊瑚。

除了外部形態外，生態學家也會依生態功能的不同，將珊瑚分為造礁珊瑚和非造礁珊瑚。顧名思義，造礁珊瑚對珊瑚礁形成的貢獻度較大，大多數的石珊瑚、千孔珊瑚、藍珊瑚和笙珊瑚屬之。造礁需要讓珊瑚共生藻大量的行光合作用，以利骨骼生長，因此造礁珊瑚會生長在水域較淺、陽光充足的地方。

溫暖的淺海、乾淨的水域加上堅硬的底質，在這麼好的環境下，造礁珊瑚可以健康茁壯的生長，層層堆疊出大量的珊瑚礁岩而形成地形地貌。依據著名演化生物學家達爾文（Charles Darwin）所提出的分類方式，可將珊瑚礁依據不同的地形特徵分為裙礁（fringing reef）、堡礁（barrier reef）及環礁（atoll）三種類型。

裙礁地形是指珊瑚礁沿海岸線生長，像是裙襬一樣圍繞在海岸周圍。台灣本島周圍海域以及鄰近離島海域多屬於裙礁地形。堡礁是指珊瑚礁生長在離海岸線較遠處，像堡壘一樣守護海岸線，堡礁和海岸線之間的區域則稱為潟湖（lagoon）。世界上最有名的堡礁是位於澳洲的大堡礁（Great Barrier Reef），南北綿延 2000 多公里，守護著澳洲的北部海岸。環礁地形因其分布呈環狀而得名，位置大多在大洋中央，例如南中國海的東沙環礁，以及南沙群島中的許多島嶼都屬於環礁地形。

達爾文不但提出珊瑚礁的分類定義，也對其形成的方式提出了解釋。他認為最初期的珊瑚礁應該是圍繞在島邊而生的裙礁，其後可能因海平面上升或是島嶼沉降，使得原本屬於島嶼的基質慢慢沒入海下，而珊瑚所形成的珊瑚礁則不斷向上或向外生長，使得珊瑚礁看起來開始與島嶼中間有了距離，也就是所謂的潟湖地形。若海平面繼續不斷上升或島嶼持續沉降，直到中間的島嶼完全沒入海平面下，只剩下不斷向上生長的珊瑚礁，看起來像是圓形、橢圓形或環狀的珊瑚礁地形，便形成所謂的環礁地形。

其他生物礁

除了珊瑚以外，其實還有一些生物也會分泌碳酸鈣的外骨骼，在合適的環境情況下也能堆積出礁體。例如近年來才較為人所知的藻礁，主要是由珊瑚藻所堆積而成，由於這種藻類的細胞壁成分含有鈣質，雖然生長速度不如一般珊瑚礁，但經年累月也能堆積出堅硬的礁體。珊瑚藻不像珊瑚一樣具有多樣的形態變化，通常多為表覆形、薄片形或厚殼形，平鋪或覆蓋在基質表面上，在環境中扮演膠結者的角色，可將一些底質碎屑穩定膠合並強化礁體，故近來對藻礁的關注也越來越多。雖然藻礁的生長速度與分布範圍不如一般珊瑚礁，但台灣仍可在桃園市的觀音到大園區的海岸，以及新北市的淡水到石門區的海岸邊，看到較具規模的藻礁地景。

其他生物礁還包括：環節動物中的管蟲形成的蟲礁（worm reef）、軟體動物中的牡蠣形成的牡蠣礁（oyster reef），以及由微生物經層狀沉積所形成的疊層石（stromatolite）結構。這些造礁生物在台灣海域也都有記錄，但其規模大小以及在生態系中扮演的角色與意義為何，仍有待研究釐清。

珊瑚礁生態系從單一的珊瑚蟲形成共生共存的珊瑚群體，再到群聚而形成珊瑚礁，是漫長的動態過程，其中包含了共生、競爭、建造、破壞等作用，當建造作用大於破壞作用時，才會形成累積的生物礁體，這些生物礁體提供了海洋生物一個家，對於人類更有最極致的貢獻。

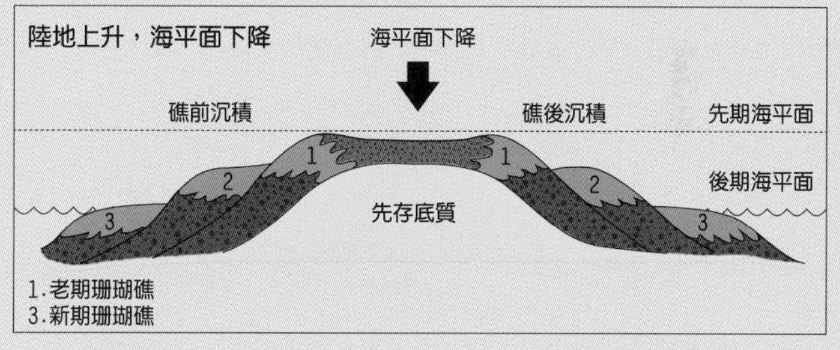

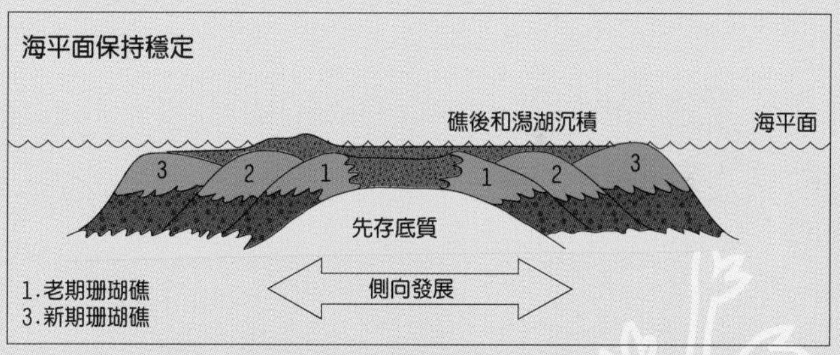

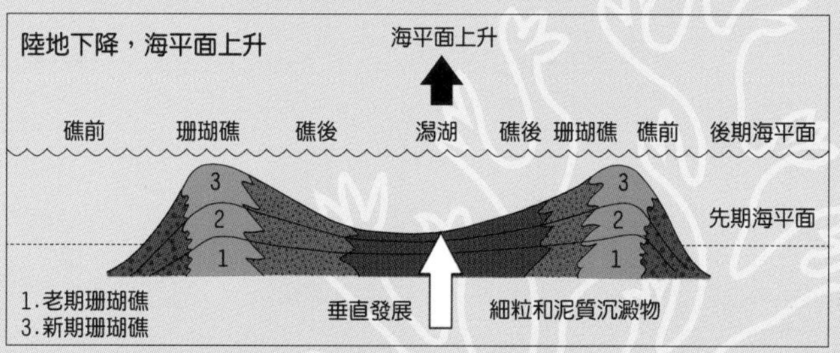

珊瑚礁地形演化示意圖

參考資料

臺灣區域海洋學，戴昌鳳等著，臺大出版中心。

戴昌鳳、洪聖雯 (2009)，臺灣珊瑚圖鑑，貓頭鷹出版社。

戴昌鳳 (2011) ，臺灣珊瑚礁地圖（上）臺灣本島篇，天下文化書坊。

戴昌鳳 (2011) ，臺灣珊瑚礁地圖（下）臺灣離島篇，天下文化書坊。

珊瑚 I | 科學 Online http://highscope.ch.ntu.edu.tw/wordpress/?p=66026

珊瑚 II | 科學 Online http://highscope.ch.ntu.edu.tw/wordpress/?p=66027

珊瑚 III | 科學 Online http://highscope.ch.ntu.edu.tw/wordpress/?p=66028

珊瑚 IV | 科學 Online http://highscope.ch.ntu.edu.tw/wordpress/?p=66029

珊瑚 V | 科學 Online http://highscope.ch.ntu.edu.tw/wordpress/?p=66030

Chapter 2
珊瑚很重要

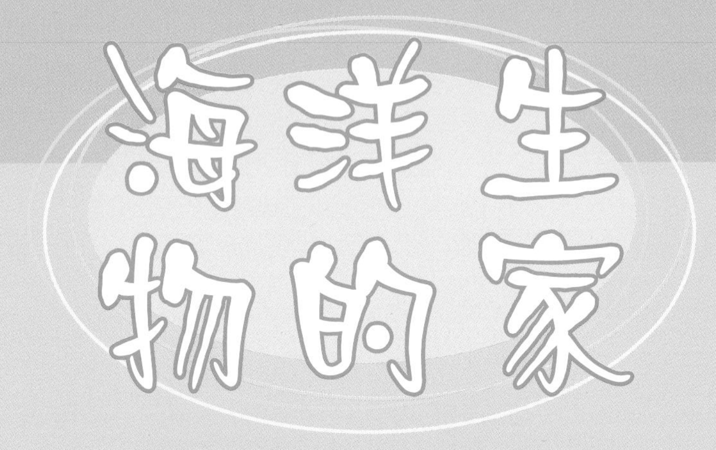

海中建築高手非珊瑚莫屬，尤其以石珊瑚為造礁界的箇中好手，外在環境良好的情況下，枝狀珊瑚一年可以增長到 15 公分。各式各樣的珊瑚堆積出多樣性的珊瑚礁區，而眾多空間裡的隙縫就變成了許多生物的家，特別是小魚、小蝦、螃蟹、螺類等生物，紛紛把這些隙縫當作躲避敵人或是安全休憩的空間，例如鸚哥魚會選擇珊瑚礁的一角吹起一個泡泡，將自己包裹後躺著睡覺，或是選擇直接鑽到裡面躺著休息。

「家」的定義是除了有一個安全的空間外，還要提供能夠溫飽的食物，珊瑚礁生態系由許多不同形式的珊瑚蟲組成珊瑚群聚，其中住在石珊瑚體內的共生藻是這裡初階的生產者，每一株珊瑚蟲從共生藻處獲得能量，然後是小魚蝦蟹，接著大型肉食性的石斑、海鰻、章魚成了高階的消費者， 開始建立起層次複雜多樣性的食物鏈與食物網，物種越豐富越能形成完整的生態系結構。在這裡食物的定義不單指某種生物個體本身，其實雜食的小丑魚的糞便也是魚類搶著吃的食物，而珊瑚集體產卵時，上萬顆的卵提供給居住在這附近的鄰居飽餐一頓，讓飢腸轆轆的鄰居飽餐後，其餘珊瑚的卵才有存活機會，因此一次性的大規模集體產卵除了成為鄰居們的大餐外，也是保存珊瑚物種的重要機制。

躲避敵人生存下來，有足夠的食物之外，最重要的還有好好的孵育下一代。珊瑚礁生態區的立體空間提供安全舒服的地方可躲藏，所以許多生物將此作為孵育下一代的棲地，例如軟絲（萊氏擬烏賊）會產卵在柳珊瑚上面，讓強勁的水流帶來營養，而強健的柳珊瑚不易斷裂，讓軟絲寶寶們有穩固的依靠。當然還有久居在此的小丑魚，自訂範圍建立起防衛線，保護自己的下一代不受侵犯，隨時在寶寶附近警戒，如有外患來襲，小丑魚爸爸媽媽就會奮力驅趕，甚至衝撞對方。

棲息在珊瑚礁區的物種數量極多，形態及顏色也多變，躲藏在空間的縫隙之外，體色、體態又再提升躲避敵人的能力，其中擬態變色的高手屬頭足類最厲害，可因環境不同立刻改變體色及形態；有些生物則尋找與自身體態相仿且顏色相近的區域生存，如龍王鮋、鱟魚等。

除了空間、食物、安全，還要提供舒適周到的服務。這裡住著一群清潔蝦，經營的是清潔事業，牠們提供服務，也同時得到食物。清潔蝦利用身體跳著曼妙的舞姿，吸引經過的魚類，如果有魚停下來，清潔蝦就會立刻幫忙把魚身上的微小生物吃掉。還有藍條紋的裂唇魚，又叫做魚醫生，大型的肉食魚類的口腔保健就靠牠了。

珊瑚礁居民

珊瑚礁社區裡居住的成員非常多樣，大致上可分為珊瑚礁魚類、甲殼類、軟體動物、棘皮動物及其他無脊椎動物等類群。其中最受人矚目是俗稱熱帶魚的珊瑚礁魚類（coral reef fish），其體型及色彩多變，往往為潛水者最愛欣賞的種類。

魚類

全世界大約有 6000 ～ 8000 種珊瑚礁魚類，在台灣附近的海域便發現了 2000 多種。台灣珊瑚礁魚類種類最為豐富的海域為墾丁、蘭嶼和綠島等地，該地海域也以健康發展的珊瑚礁著名。珊瑚礁魚類的多樣性不只在於體型和色彩的多變，其利用珊瑚礁各式棲所的方式也有不同，有喜歡躲藏在珊瑚枝條之間的，也有躲在底部石縫之內的，更有在珊瑚礁上方或是礁區與沙地交界處巡遊的種類等。

甲殼類

珊瑚礁生態系中的甲殼類，以蝦（shrimp）、蟹（crab）、寄居蟹（hermit crab）和藤壺（barnacle）為主。而櫻花蝦也是清潔蝦的其中一種，除了體色鮮

豔外，還會幫忙清除魚類身上的寄生蟲，此特殊行為也為潛水者所津津樂道。夜行性的龍蝦也是珊瑚礁中重要的經濟物種，白日躲藏在珊瑚礁的縫隙洞穴之中休息。珊瑚礁中的藤壺則多為附生或寄生型種類，就如同一般的珊瑚幼生，在浮游時期找到適當地點後附著，一生就在此不移動了，靠的是伸出蔓足抓食，但可能會鑽孔破壞珊瑚礁體，或是對珊瑚的生長有所影響。

具有外骨骼的甲殼類，生活史中大多經由重複地脫殼而長大，脫掉身體的表皮或甲殼後，牠們可以持續增大自己的體型，而體殼也可以經由鈣質持續地分泌補充體殼基部與各部位的骨板而增大。脫殼時並無法預防外敵，等於是弱點外露，一旦受到攻擊無「盾」可擋，甚至可能沒有脫殼成功，把自己困死其中，因此對於甲殼類來說成長是一件危險的事情，但是貪食的人類卻以軟殼蟹為美食焦點大打廣告而補食。在利用海洋資源的同時，也需進一步思考合理的、永續的使用方式。

軟體動物

最常見的軟體動物為螺貝類（shellfish），螺就像是海中的蝸牛一樣，背上有著硬殼，用腹部特化的足緩慢移動，故又稱作腹足綱（Gastropoda）。但也有一些種類已經失去背上的硬殼，像是陸地上的蛞蝓，海中也有相對應的種類，便稱為海蛞蝓，其外型與顏色多變，也是潛水攝影愛好者喜愛追逐的對象之一。腹足綱這個種類以外，另有有著兩枚可開合的硬殼的軟體動物，就是雙殼綱（Bivalvia）的牡蠣、扇貝等物種，除了食用上的經濟價值外，珠寶中的珍珠大多就是這類物種分泌珍珠質成分包覆外來物質而形成的。

不少軟體動物以珊瑚為食，像是白結螺（Drupella cornus，骨螺科 Muricidae）、海兔螺及龍女簪等，其中龍女簪以棘穗軟珊瑚作為主食，是在 2018 年才在台灣被記錄到的物種。由於珊瑚種類及數量要足夠才能提供給這些軟體動物為食，因此這些物種的存在也意味著珊瑚礁生態系的健康狀態。

偶爾也會在珊瑚礁海域中發現同屬於軟體動物的頭足類，例如章魚（octopus）和花枝（cuttlefish），不同於螺貝類的是，頭足類的移動速度快上許多。在珊瑚礁棲息的章魚通常躲在珊瑚縫隙或表面，而且會把體色改變成附近

珊瑚或其他底質的模樣，讓人無法輕易辨識，並等待適當時機快速移動到其他安全的地方。其中藍環章魚（blue-ringed octopus），由於其身上顯眼的藍環圖案以及猛烈毒性而惡名昭彰，在國外還有因牠而死亡的案例。進行潛水或其他水中活動時，應避免接觸珊瑚和其他底質，以防不慎觸碰到這些有毒生物。除了藍環章魚外，螺類中則以織錦芋螺的毒性最為劇烈，吻部中齒舌具有毒腺，毒性較強而危險，這也是最美麗又最危險的生物之一。

棘皮動物

棘皮動物包括了海星、海膽、海參、海羊齒（海百合），多以碎屑為食，在生態系中也扮演重要角色。許多種類同時也是指標性物種，這些生物都在同時同地相輔相成的共同生存著。例如從小就喜歡挖洞自己住的海膽，利用新陳代謝時所排放出來的分泌物來軟化堅硬的岩石，並以口器及棘刺把洞穴弄大，同時削減珊瑚的建礁

速度。但多數海膽以藻類為食，控制了藻類的大量生長，反而也幫助珊瑚維持生長的空間。這些生物共同生存，彼此間相互依賴。除此之外，也有其他生物會與這些棘皮動物共同生活在一起，像是與特定種類的海星或海膽共生的天竺鯛、會躲在海參體內的隱魚，還有許多會在海羊齒（海百合）身上棲息的小型蝦蟹或魚類，連帶也增加了珊瑚礁生態系的躲藏空間與物種的多樣性。

其他生物

除了上述常見於珊瑚礁生態系的物種類群外，偶而還可以發現其他的無脊椎動物。比如卡通大明星海綿寶寶可不是只有黃色，還有紫色、白色、黑色、藍色等多種顏色。海綿動物身上有一個出水口和多個進水口，以過濾海水進食。海鞘與海綿相似，同樣以過濾海水進食，但其出水口和進水口都各只有一個，觸感也不同，海鞘較為光滑。

曾為電影《阿凡達》外星生物靈感來源的管蟲，屬於環節動物中的多毛類，常常在珊瑚中爭取一小塊地方自己分泌碳酸鈣製作棲身的管子，然後伸出羽狀的觸手來捕食。當這些觸手伸出時，管蟲就像是珊瑚礁上的一朵美麗花朵，與珊瑚爭奇鬥豔，尤其是旋毛管蟲，樣貌如同聖誕樹，又有聖誕樹蟲之稱。另外還有其他尚待研究的苔蘚蟲等類群，正等待更多的有心人去探索研究，甚至說不定能在珊瑚礁中發現許多不為人知的新物種呢！

珊瑚躲貓貓

來試試眼力，找找看這裡有什麼海洋生物躲在珊瑚礁區吧！

章魚

龍王鮋

潮間帶、珊瑚礁區的石縫是
我的家，也是我的路徑，我
的正面有可愛的笑容，所以
被叫做微笑喬治。
這裡是我家！請勿進入，
小心被我夾！
我正用最柔軟的身軀扭
變成突出的岩石，希望
你不要發現我！

鳚魚

史氏酋婦蟹

海蛞蝓

偽裝高手：章魚

頭足類一直是偽裝高手中的高手，身上上萬顆的神經可以瞬間變色擬態。

請找找我在哪裡？我的族群除了習性體態外，沒有一隻有共同的體色跟花紋。

躄魚

豆丁海馬與柳珊瑚

珊瑚的天敵

世界上許多生物都有一物剋一物的交互關係，彼此可能相依也可能相剋，如此作用可以平衡資源的循環利用。就像珊瑚也有天敵，也有在同樣環境下必須與之競爭的物種，其中以鸚哥魚最具代表性。珊瑚提供給鸚哥魚一個有食物有住宿的家，而鸚哥魚卻以啃食珊瑚蟲為生，看似對珊瑚只有利用，沒有貢獻，但其實只有健全的珊瑚礁才能供養鸚哥魚，所以鸚哥魚是健全珊瑚礁主要的指標性物種之一。

另外最為人知的就是棘冠海星，現今的棘冠海星是澳洲大堡礁裡最強大的珊瑚殺手，原本棘冠海星數量不多是正常的現象，而破壞這平衡的正是人類。棘冠海星的天敵是大法螺、大型隆頭魚類或魨科魚類，人類因為大法螺的美麗外表及鮮美肉質，大量捕食大法螺，造成棘冠海星天敵減少，數量因此大幅增加，對於食物的需求也隨之上升，所以開始大面積的啃食珊瑚，造成嚴重的珊瑚礁破壞。

此外，陸地上來的營養鹽被沖刷到海中後，會造成珊瑚礁區海水的優養化，提供了棘冠

海星的幼生大量生存的機會，也是其數量大增的原因之一。一隻吃飽的棘冠海星可以撐上半年不吃東西，生命力十分強韌，而且棘冠海星還有強大的再生能力，如果用刀切成兩半，甚至能夠長成兩隻新的個體。目前澳洲大堡礁正積極進行控制，讓棘冠海星的數量減少。

當珊瑚白化或死亡後，與之競爭的海藻就會很快侵入地盤建立自己的藻類王國，而海膽與食藻生物也會隨之而來。大自然都有其平衡機制存在，建立一個緊密的循環體系，過與不及都可能造成生物系統結構的改變。

珊瑚百貨業

從人類的觀點切入珊瑚的世界來說，珊瑚跟人類的食衣住行脫不了關係，是個不折不扣的百貨公司，提供人類多元選擇，從吃的、用的、住的、玩的都包了。

左樹珍在《中國鹽政史》卷一〈製造關係〉就說：「世界鹽業，莫先中國，中國鹽業，發源最古。在昔神農時代，素沙初作，煮海為鹽，號稱鹽宗，此海鹽所由起。煎鹽之法，蓋始於此。」這是最早食海鹽的紀錄，爾後每一份食物都有著海洋的味道，人類是如此依靠著海洋而存活。

常言靠山吃山靠海吃海，離人類居住地不遠的珊瑚礁生態系生物提供了依海而居的人類重要的蛋白質來源，鸚哥魚、櫻花蝦、龍王鯛等成了美味的盤中飧，尤其龍王鯛又稱蘇眉或拿破崙，正式學名為「曲紋唇魚」，是老饕們心目中的極品之一，造成其數量銳減，甚至被國際自然保護聯盟（IUCN）列為紅色名錄中的瀕危物種，且同時受到《瀕危野生動植物種國際貿易公約》（CITES）的保護，台灣的農委會則在 2014 年才將其列入保育物種名錄中，目前全台的龍王鯛估計剩不到 30 尾。在國立海洋科技博物館潮境海洋中心則有全台唯一人工飼養的龍王鯛，也是唯一具合格身分證明的龍王鯛，早在

2008 年時從南部養殖場購得 14 公分大的幼魚，如今經過海科館的細心照料後已經成長為 80 公分的大魚了，常在水缸裡用好奇的眼睛觀察來訪的遊客呢。

參考資料：國立海洋科技博物館 潮境海洋中心參觀須知

海科館生態多樣性教學

珊瑚礁生態系中，底棲的螺貝類也經常被用於日常生活中，人類對於螺貝類幾乎是竭盡所能的運用，取其肉質為美食，再利用其美麗的紋路作為頭飾、服裝的裝飾。台灣本島唯一靠海的原住民族群阿美族和山上的鄒族多以寶螺為裝飾，甚至關島的查莫洛人女性會以貝殼製作成比基尼的樣式穿著。

參考資料：https://viablog.okmall.tw/blogview.php?blogid=883

另外一種大型螺貝類——大法螺，則被用於宗教祭祀儀式中作為吹奏的法器，如印度教、佛教、古印地安文明等地區。且在文字記載中作為法器或是吹奏的法螺，應該源自佛教傳入中國，明代王圻《三才圖會》中所提「以螺之大者，吹作波囉之音，蓋仿佛於笳而為之者。」

大法螺的運用不單是在宗教，日常捕魚也會以其吹出的聲響作為信號，如宜蘭的牽罟捕魚，以吹奏法螺為信號，通知全村的人一起來拉網。諺語「牽罟靠網就分魚」意思是說只要摸到網子，不管大人小孩都可以分到漁獲，因此法螺號角聲起，全村大大小小都會放下手邊的工作一起來拖網。又根據《古印度：神秘的土地》一書中提到，印度古文明哈拉帕遺址（Harappa）裡一具西元前 2600 年前的女性骷髏手上戴著海螺，目前部分印度地區還流傳著婚禮上的新娘帶上海螺手飾出嫁，作為婚姻永久祝福的象徵。

話說婚姻在澎湖也有個俗語「欲娶個某（老婆），就要擔三年硓咕」，意思是想要成家娶老婆就要先從海裡把硓砧石撈出來，放在陸地上讓雨水沖刷鹽分後再堆砌成屋，而硓咕間的縫隙也是利用蚵殼燒製成灰混合在地的其他物質成為黏著劑來填補。

於清代文獻《澎湖廳志》卷十〈物產篇〉：「老古石，府志作硓磠石，云生海中，皆鹹鹵結成，粗劣易腐，土人置盆盎中充玩。陳廷憲云：海底亂石，磊砢鬆脆，俗名老古石。拾運到家，俟鹹氣去盡，即成堅實，以築牆、砌屋皆然。」硓磠石、老古石、硓砧石全都是指石珊瑚死亡後所留下的骨骼。這骨骼不只建造人類的房子，澎湖還利用硓砧堆砌「菜宅」為種植的作物擋風，也利用硓砧石堆砌作為潮間帶捕魚的魚法。澎湖南邊居民多以石滬捕魚，以七美的雙心石滬最為知名，傳說故事豐富了石滬原本只是一種漁法的想像；而北方居民多以抱礅方式捕魚，僅取足夠溫飽的數量。老祖宗累積的生活經驗，利用了漲退潮的潮水落差、生物的特性、就地取材、

只取足夠的食物，四項不可或缺的因素傳承了與大海共生的永續機制，老祖宗的智慧是美麗而知足。

硓𥑮厝、菜宅、石滬都是因人的需求而建造的，但也有原本因天然形成的地質地貌，如高雄壽山、旗後山、恆春半島等，皆為因地殼變動而抬升的珊瑚礁岩所形成，現在是陸域生物的棲所、人類生活的陸地，因此珊瑚礁構成的生物棲所不僅限於海洋中而已，更久遠前堆積成的岩石也在海平面上被陸域生物踩踏著。

古代的珊瑚被運用在日常生活上，但也有些是奢華的表徵——珠寶珊瑚，但珠寶珊瑚多生長於深度超過 200 公尺的海域，跟前面章節談論的淺海珊瑚不太一樣。珠寶珊瑚沒有共生藻，僅靠珊瑚蟲捕捉進食，且鈣化過程中會吸附海中礦物質元素為其增添色彩，所以不會因為死亡而褪色。其鈣化過程非常緩慢，而有「千年珊瑚萬年紅」的說法，被中國歷代宮廷權貴視為珍寶祥瑞之物，是幸福、永恆、地位及財富的象徵，目前在美國、義大利、法國、日本、台灣等地有進行珠寶珊瑚開採，其開採方式並不友善，以棲地破壞性大的底拖網為主要漁法。台灣農委會漁業署於2009年訂定「漁船兼營珊瑚漁業管理辦法」，規定每艘漁船每年限捕200公斤，並限制在台灣經濟海域內的五處漁區作業，作業時應開啟船位回報器，並填報漁撈日誌，以嚴格管制政策挽救枯竭的寶石珊瑚資源。由於破壞性仍大於自療能力，因此多數學者皆建議停止採撈，生命才能有重生的機會。

除了古代會把珠寶珊瑚撈上來把玩外，現代人喜歡親自下海觀賞珊瑚礁生態系的多元美麗，繽紛色彩的生物吸引了越來越多的觀光客，尤其這一兩年潛水的學習者以倍數成長，有珊瑚礁生態系的地方便能夠賺取大量的觀光財，如台灣的東北角一到

珊瑚子孫萬代鐲

夏天海岸邊多的是穿著潛水裝備的潛客跟教練，綠島和蘭嶼的船隻天天客滿，更不用說一年四季如夏的帛琉，觀光財是整個國家的財政支柱。或許有人認為不吃不用的消費就是對海洋環境友善的，但還要顧及環境的負載量，如綠島、蘭嶼及澎湖因為觀光所產生的汙水、廢棄物的負擔也可能造成對環境的危害，如何平衡兩者是人類立即面臨且需要即刻改善的問題。

珊瑚提供了房屋的建材、漁具漁法、觀光遊憩及象徵財富地位的珠寶，應有盡有，如果這是互利共生，反思一下人類為珊瑚付出過什麼呢？

參考資料：全國宗教資訊網，https://religion.moi.gov.tw/Knowledge/Content?ci=2&cid=471

珊瑚魁星點斗盆景

除了這些規模較大的天然災害，珊瑚礁生態系也面臨了許多來自其他生物的威脅，例如專吃珊瑚蟲為生的棘冠海星和少數珊瑚礁魚類（蝶魚、鸚哥魚等），或是一些會在珊瑚上鑽孔的海綿、定棲貝類、附生藤壺、多毛類等，都可能逐漸侵蝕珊瑚形成的鈣質骨骼，間接影響珊瑚及整體珊瑚礁的健康情況。

天然災害與威脅

生存在野外環境的珊瑚礁，自然會碰到許許多多的天然災害及威脅，這些不定期發生的天然災害，都會對整個珊瑚礁生態系帶來極大的傷害。像是夏季常見的熱帶風暴（颱風），可能會直接摧毀位於淺海的珊瑚礁生態，或是俗稱聖嬰現象（El Niño或ENSO）的太平洋水溫異常變動，經常造成大規模、大範圍的珊瑚白化現象。

人為活動與破壞

然而，現今珊瑚礁生態系面臨的最大威脅來源，並非前述的天然因素，而是人為活動所帶來的直接和間接破壞。以地理位置來觀察，陸地海岸邊起的潮間帶生態系及珊瑚礁生態系是人類親近海洋的起始點，但也是受到人為活動干擾最嚴重的區域。

從古至今，人類對自然資源最直接的利用便是自由捕撈取用，珊瑚礁生態系中的珊瑚礁魚類、蝦蟹類等都是天然蛋白質的良好來源，然而地球上的人口越來越多，捕撈技術也越來越進步，全球不僅有珊瑚礁海域遭受過度捕撈（過漁）的威脅，其他如公海海域、深海區域，甚至以往難以到達的南北極海域，也都受到嚴重的捕撈壓力，造成各

種漁業資源快速減少，難以恢復可持續再生水準。

取用漁獲的方式也可能對珊瑚礁造成更大的衝擊，例如使用毒魚或炸魚的方式，連帶會傷害周遭珊瑚礁的健康，使用底拖網漁具更是可能將整個珊瑚礁夷為寸草不生的平地。其他廢棄的漁網也可能漂流覆蓋在珊瑚礁上面，造成對珊瑚的物理性傷害，也連帶會讓許多海洋生物被纏繞在漁網上死亡。

除了直接取用海洋資源帶來的傷害，人為活動在海岸附近的建設及施工可能會將泥沙帶入海中，造成沉積物堆積在珊瑚表面，使珊瑚白化或死亡。未經妥善處理的家庭及工業廢水，若直接排入河川或海洋中，也會對周遭珊瑚及海洋生態造成危害。而一般的遊憩活動除了直接破壞珊瑚礁生態，也可能間接帶來大量的垃圾。

近年來關於環境議題的討論密集浮上檯面，其中最常聽到的名詞莫過於氣候變遷（climate change）或全球暖化（global warming）。氣候變遷是指地球上一段時間內的氣候波動變化，其中包含全球冷化（global cooling）和全球暖化等現象。全球暖化指的是全球年均溫上升，其原因可能是地球的自然氣候循環現象，但人類工業革命之後的暖化現象，目前被認為與人類活動大量排放的溫室氣體（主要為二氧化碳和甲烷等）有顯著的關係。全球均溫不斷上升，連帶海水表面溫度也不斷上升，對於珊瑚礁的生長影響極大，若水溫超過 28.5℃一段時間，珊瑚便會開始出現白化現象，若水溫未及時降回 28.5℃以下，珊瑚便會開始大量死亡。

溫室氣體的排放不但造成全球均溫上升，也連帶使得天氣變化越來越劇烈，近年來的連日高溫、劇烈降雨等極端天氣事件（extreme climate event）發生頻率增加，也被認為主要是人類活動排放大量的溫室氣體所間接造成的。由於人類活動大量使用化石燃料（fossil fuel），將原本儲存於地底或海底的碳以氣體的形式（二氧化碳）大

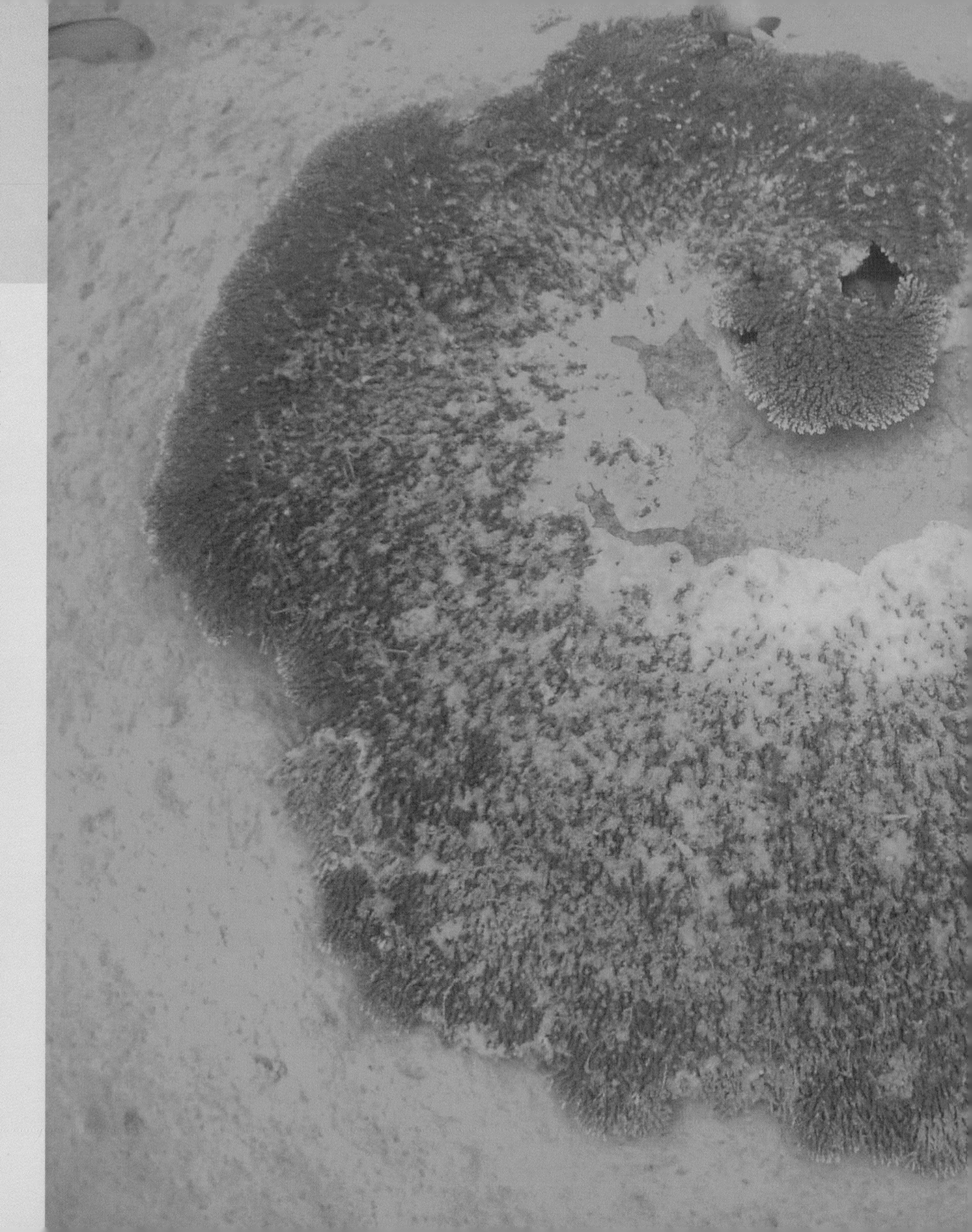

量排放到大氣之中，更是可能造成海洋酸化的危機。珊瑚礁主要是由碳酸鈣所組成，在大氣二氧化碳濃度越來越高的趨勢之下，溶於水中的二氧化碳也會隨之升高，造成海水逐漸酸化，連帶可能減緩珊瑚的造礁能力，或是加速珊瑚礁的溶解與結構鬆動崩壞。以貝類為例子，酸化的海水會讓其無法生成足夠的厚殼保護自己。

以上種種正是人類危害生物多樣性的 5 個主要因子，其英文每個字母的開頭合起來剛好是 HIPPO（河馬），因此也被稱為「河馬效應」。

H：棲地破壞（Habitat destruction）

I：外來入侵種（Invasive alien species）

P：汙染（Pollution）

P：人口增加（Population growth）

O：過度利用（Overexploitation）

陸域危機的排序是 HIPPO，而海洋危機的排序則是正好相反的 OPPIH。全球每一個生態系都面臨著河馬效應所帶來的問題，由於過度捕撈、汙染及棲地破壞等，已造成海洋資源枯竭。最新的研究顯示，台灣北部海域的魚類種類在 30 年內已減少 3/4，再加上日益惡化的全球環境變遷等因素，將加劇海洋生態所面臨的巨大浩劫！

海洋保護區

如今海洋面臨了上述各式各樣的威脅，我們人類能夠有什麼幫助海洋的作為，同時也能幫助改善自身生活的環境呢？從公民個人參與的「點」到非營利組織推動的「線」，擴及政府政策的「面」，三方共同努力，才有機會緩和珊瑚礁受害的層面，讓珊瑚礁有機會啟動自癒模式。

海洋保護區（Marine Protected Area, MPA）是全世界公認保護海洋最有效率的辦法之一，許多研究已經證明在適合的環境下，有超過一半以上的小魚苗孵化後仍會想辦法停留在當地發育成長，這也表示成功的海洋保護區對於當地生態及漁業資源都有非常大的幫助！但是礙於各國海洋經濟政策的發展，目前資料顯示海洋雖然占了全球71%的面積，然而僅有2.09%受到正式保護規劃。

保護區分成四個層級：

禁止區：完全不受干擾。

保種區：禁止捕撈，但可從事親水活動如潛水或泊船之區域。

過渡區：從禁止到開放的過渡區域，可從事釣魚、捕魚或限制型的養殖及旅遊行為。

開放區：活動不受限之區域。

參考資料：https://www.natgeomedia.com/news/ngnews/9532

設立海洋保護區要面對的問題並不少，當地生計與物種生存的競爭是第一線的問題，得到人民對於政策的認同是重要的關鍵，宣導及執法更是不可忽視，否則就失去了設立保育區的實質意義。

國立海洋科技博物館（簡稱海科館）潮境公園旁的望海巷海灣經過多年努力，在海科館、基隆市政府、地方人士及漁民支持下，在 2016 年正式公告成立基隆市第一個海洋資源保育區。保育區範圍內禁止任何形式的採捕，也藉由此保育區的成立，大大提升民眾對海洋生態保育的觀念，除了在地人士自組巡守隊加強宣導及巡邏外，到此活動的潛水愛好者也是保育區的主動監督者，大家共同努力愛護、維護望海巷保育區的生態環境。雖然還是會有民眾不清楚與海洋環境共存共榮的意義，而觸犯保育區規定，但民眾自發性的提醒與規勸是在地海洋保護重要的力量跟後盾。

淨灘

除了政府設立保護區以外，民間組織積極推動海洋保護監測計畫，輔助了保護區成效的調查及科學科需求的分析資料，從 2000 年黑潮海洋文教基金會響應美國海洋保育協會（Ocean Conservancy）ICC 國際淨灘行動（International Coastal Cleanup），在台灣發起 TOCA（Taiwan Ocean Clean-up Alliance）聯盟，最初成員包括黑潮海洋文教基金會、國立海洋科技博物館、台南市社區大學、台灣環境資訊協會、中華民國荒野保護協會，號召民眾進行數據監測，將數據回傳至美國海洋保育協會進行統計。每年公開數據用以對社會大眾宣導海洋廢棄物的嚴重及危險性，也訂下每年 9 月到 10 月為國際淨灘月，透過 ICC 淨灘分類方式，了解人類為了便利生活製造出來的垃圾量遠超過想像。

在台灣，2010 年透過海廢監測發現有 70% 以上的垃圾來自人類的一次性塑膠垃圾，飲料杯瓶為最大宗，進而督促環保署 2011 年 5 月 1 日起實施《一次用外帶飲料杯源頭減量及回收獎勵金實施方式》，要從源頭減量開始做起，減少一次性塑膠用品的使用及廢棄回收，這就是 ICC 國際淨灘數據的重要價值，從公民參與監測提供數據收集的過程了解海洋廢棄所造成的危機，同時將紀錄資料格式標準化提供給科學家研究及決策者使用，補足兩者參考資料不足無法分析或是下決策的窘境。

雖然一般民眾並非科學家，但透過學習規劃完整的科學方法進行調查、協助記錄數據便可成為一位公民科學家，在持續收集資料的過程，讓參與民眾更加深刻了解環境生物多樣性的變遷、海洋汙染問題的嚴重性，以及珊瑚礁受到人為汙染的影響，本身也化知識為力量參與海洋監測資料的收集，彌補目前台灣各地海岸普遍欠缺長期監測資料的困境。

台灣的淨灘活動數據可以在愛海小旅行的網站上查詢並下載（網址：https://cleanocean.sow.org.tw/）

愛海小旅行網站
QR Code

水質檢測

目前收集台灣海洋監測資料時，水質檢測是主要的基本

搭配作業。「水」是生命的重要元素，不論是淡水或海水，垃圾的汙染是看得見的，而水質汙染是看不見的，卻隱藏更多的危機在其中，例如生活汙水含有活性界面劑，影響到許多水中生物的生存，會破壞青蛙的表皮組織使其無法隔絕水中的汙染物而受到傷害，或是讓水黽無法行走在水面上，物種因此從環境中消失。看得見的問題要解決，看不到的問題公民科學家也應該重視，因此水質監測成了一個重要課題。擔任此項的公民科學家操作項目較為細緻及繁瑣，因此必須受過特別培訓，長期監測後才能精準的做到有價值的資料收集，進行分析，判別水質的變化。

國際水協會、美國清水基金會及美國環保署等在 2003 年共同發起，訂定每年 10 月 18 日為世界水質監測日（World Water Monitoring Day, WWMD），是一個透過鼓勵地球公民監測周圍環境水質，來喚起保護水環境意識的國際性推廣活動，主要傳達「用水人應保護水資源，才有乾淨、安全之水」的永續環境訊息。透過每年參與這項活動，期望使民眾持續關心環境水體水質，進而轉化成水質保護之行為。

珊瑚礁體檢（Reef Check）

另一項公民科學參與的項目，入門難度較高的便是「珊瑚礁體檢」（Reef Check），由美國學者所研發，顧名思義就是為珊瑚礁生態系進行健康檢查。調查人員將運用水肺潛水的技術下潛到海裡，除了了解珊瑚狀況，也同時記錄魚類、無脊椎動物及底質組成等周邊海域的生態情形。

珊瑚礁體檢始自 1997 年，當時許多學者想要了解全球珊瑚礁區現況，因而發起全球監測行動，調查證實多數珊瑚礁海域已受到過漁、非法漁業和汙染的情形，該結果震驚全球。而後由國際知名珊瑚礁體檢基金會（Reef Check Foundation）統籌持續收集各地珊瑚礁調查結果，並公諸於世。

由於此調查方法有門檻限制，第一需要合格的潛水執照及一定的潛水經驗，第二必須熟知珊瑚礁的指標性物種，入門的難度較高，因此所得到的結果當然就更為精準。台灣地區早期由台灣珊瑚礁學會發起監測，自 2009 年開始則由台灣環境資訊協會執行此計畫並持續到今日，讓潛水客不單只是成為一個觀光客或是漁夫，而是以己之長盡己之力。

台灣環境資訊協會歷年的珊瑚礁體檢成果可在其網站上查詢到喔！（網址：https://teia.tw/zh-hant/seawatch/about）

台灣環境資訊協會
網站 QR Code

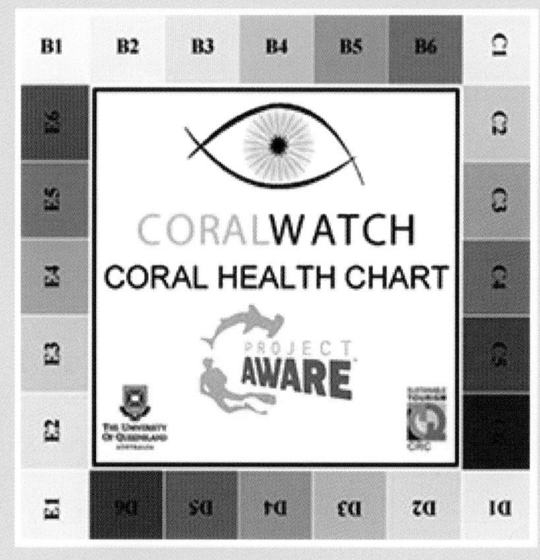

珊瑚健康色卡

Coral Watch 珊瑚健康色卡

CoralWatch 珊瑚健康色卡是一項由澳洲昆士蘭大學學者所辦理的非營利全球珊瑚礁監測計劃，由學者標準化珊瑚外觀顏色的變化，並製作成珊瑚健康色卡，為人們提供了一種簡單的方法來量化珊瑚健康狀態，並為 CoralWatch 全球數據庫做出貢獻。使用珊瑚健康色表收集有關珊瑚健康的科學數據，幫助全球的非科學家了解和支持有效的珊瑚礁監測工作。

透過與世界各地的志願者合作，包括潛水中心、科學家、學校團體和遊客都參與其中，增加對珊瑚礁、珊瑚礁白化和氣候變化的了解，目前已經有 79 個國家參與。台灣在 2017 年由國立海洋科技博物館引進，開始推動培訓種子志工。

以外觀直接判斷記錄顏色及形態，輔助影像拍攝為參考依據，記錄下來的數值透過官方 APP 提交，就可以為地球上的珊瑚監測盡一份心力。如同 CoralWatch 官網所載，「沒有足夠的科學家來監測世界的珊瑚礁，現在每個人都可以幫忙收集有價值的珊瑚數據。」讓參與者從中了解珊瑚的價值，並透過參與科學研究與教育，積極幫助拯救珊瑚礁。

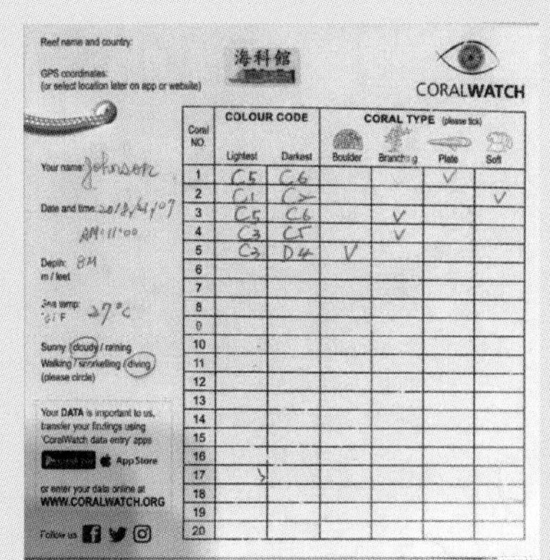

想了解更多有關 CoralWatch 或是其他海洋公民科學家的資訊，可以到國立海洋科技博物館的「海洋管家」網站。（網址：http://mslc.nmmst.gov.tw/ocean/index）

不用潛水也可以體驗看看幫珊瑚健康檢查的小遊戲喔！

海洋管家網站
QR Code

海洋管家線上小遊戲
QR Code

或許擔任一個公民科學家並不是每個人都能有時間或能力參與，但想要盡一己之力是所有人都可以做得到的，透過日常生活行為的改變，尊重並珍惜萬物生命。以防曬油為例，其成分大多含有二苯甲酮（oxybenzone）和甲氧基肉桂酸辛酯（octinoxate）這兩種有害珊瑚生殖及生長週期的化學物質，人類在身上塗抹防曬油後進行游泳、浮潛和衝浪等水上活動，會將化學物質帶入海中而導致珊瑚白化。如果可以改用不含以上兩種物質的防曬油，就能降低對海洋的化學汙染，當然，物理性的防曬是最佳的選擇。以珊瑚為海洋觀光財的夏威夷及帛琉也將禁止販售含有有害珊瑚的物質的防曬油，不論是政府或個人，都起而行的為海洋保育盡力。

除了政府、非營利組織及個人外，還有研究單位的努力，進行科學分析、協助建立科普化的調查方法、環境教育及復育工作等。各方努力修補人類對於珊瑚礁及大自然的破壞，但所有破壞的減少都要從源頭開始，學習與自然共處是人類目前的最大課題。

從海岸撿回垃圾並不難，難的是如何將垃圾分類建立類別資料庫，成為有用的資料。長期以來的淨灘除了清淨海岸以外，最大的目標就是教育，參與民眾看見自己淨灘的數據最有感，常常能敲動民眾的心。

從事珊瑚復育的工作門檻較高，需要有潛水人員配合，因此國立海洋科技博物館、國立海洋生物博物館、國立臺灣海洋大學等國家單位機構在實驗室中進行，另外還有民間機構如台灣山海天使環境保育協會，在東北角九孔池嘗試以半天然的環境做為育苗場域。

為了讓更多人認識珊瑚，國立海洋科技博物館等海洋相關的機構或團體都研發出各式的珊瑚教案教學課程。圖中的活動是珊瑚觸手捕抓浮游生物的狀況題，讀者如欲體驗此教案，請洽國立海洋科技博物館展示教育組之環境教育人員，聯絡電話02-24696000 #7012。

參考資料

臺灣區域海洋學，戴昌鳳等著，臺大出版中心。

戴昌鳳、洪聖雯 (2009)，臺灣珊瑚圖鑑，貓頭鷹出版社。

戴昌鳳 (2011)，臺灣珊瑚礁地圖（上）臺灣本島篇，天下文化書坊。

戴昌鳳 (2011)，臺灣珊瑚礁地圖（下）臺灣離島篇，天下文化書坊。

珊瑚 I | 科學 Online http://highscope.ch.ntu.edu.tw/wordpress/?p=66026

珊瑚 II | 科學 Online http://highscope.ch.ntu.edu.tw/wordpress/?p=66027

珊瑚 III | 科學 Online http://highscope.ch.ntu.edu.tw/wordpress/?p=66028

珊瑚 IV | 科學 Online http://highscope.ch.ntu.edu.tw/wordpress/?p=66029

珊瑚 V | 科學 Online http://highscope.ch.ntu.edu.tw/wordpress/?p=66030

Chapter 3 藝術能做什麼？

從科學開端的藝術

自然界的藝術形態

數學與針織的碰撞

環境與藝術的花火

針織珊瑚的效應

穿越時間與空間的藝術

記憶 X 歷史 X 傳承

小時候你我可能曾經玩過一個遊戲——手印畫，簡單的手印畫因為不同的時空背景承載著不同的意義：在父母眼中，它是孩童的成長紀錄；在漢人移民台灣時，它是與原住民進行土地交易買賣的承諾保證。而遠在更久以前，約 3000 年前阿根廷的 Perito Moreno「手洞」（Cueva de las Manos, Río Pinturas）裡面也被蓋滿了手印，這是後人探究前人生活歷史的線索，也是歷史的印記、世界的遺產。

藝術是人類想像力和創造力結合的表徵，唯有人類才能將無形的想像經由雙手創造出有形的物件。例如德國的「史前獅子人像」象牙雕刻，就是 3 萬年前史前人類利用生活經驗連結想像，再透過手工藝將威猛的獅子裝飾在人類的上半身，表現出有力的主導者形象，乃是目前史上最古老的雕塑品。

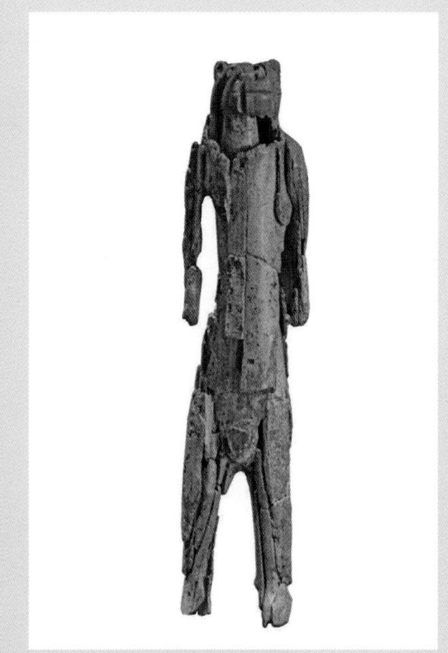

千年以上的「手洞」壁畫跟史前獅子人像，沒有文字，單純以圖像和雕刻記錄，就地取材把作品創作出來，卻能不受時空限制的告訴我們當時的生活狀態、可以應用的材料以及人們所看過、經歷過的事情，真實展現了手工藝技術的發展，因此藝術也是一種不需要文字就能夠記錄歷史的表達方法。

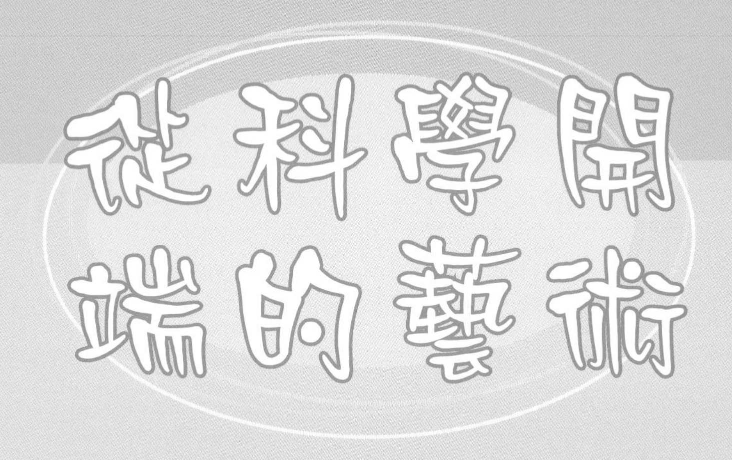

微觀世界的新視野

16 世紀顯微鏡發明後，英國生物學家虎克（Robert Hooke）的著作《微物圖誌》（Micrographia）中記錄了虎克利用顯微鏡所發現的「微視界」。對於跳蚤，他曾寫道：「一天夜裡，有一隻老鼠偷吃乳酪被我抓到了。我捏死了一隻從老鼠身上抓到的跳蚤，心想閒來無事，就把跳蚤放在顯微鏡下觀察。啊！我不禁讚嘆跳蚤毛的結構、排列次序的美，我看到的不只是一種藝術的美，而是看到一種神聖的美，一種信仰的美。」

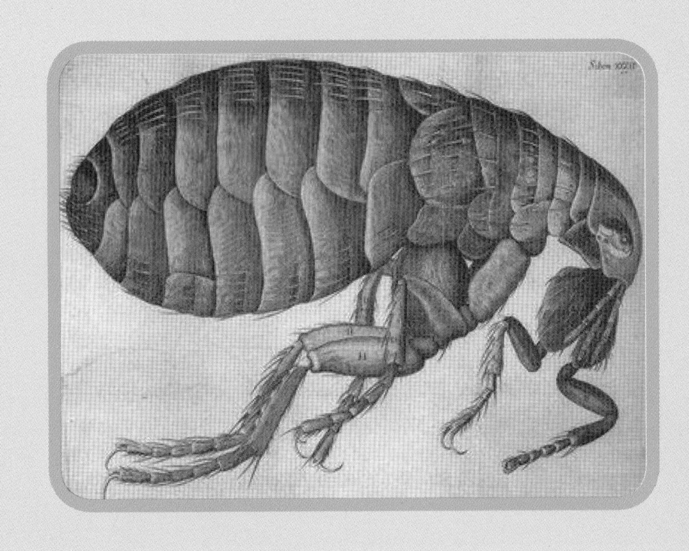

顯微鏡不僅開啟了科學的微觀研究，也開啟了微觀美學的世界，科學自此與藝術無法分開。在相機不發達的年代，想看到微觀的世界往往要依靠藝術家用精細的手繪技巧描繪出顯微鏡底下的各種生物，再出版成書打開人們對微觀世界的視野。

當科技越來越進步，從基礎光學顯微鏡進展到掃描式電子顯微鏡後，人們能夠看得更細、更小。美國神經科學博士鄧恩（Greg Dunn）與應用物理博士布賴恩·愛德華茲（Dr. Brian Edwards）嘗試將大腦神經元具象化，透過圖像、概念和技巧將自己對神經科學、物理學和生物學的知識與藝術相結合，進行藝術探索：直觀、概念化、科技化地將科學手段引入設計與藝術中，演繹一場夢幻綺麗的「大腦神經表演」。

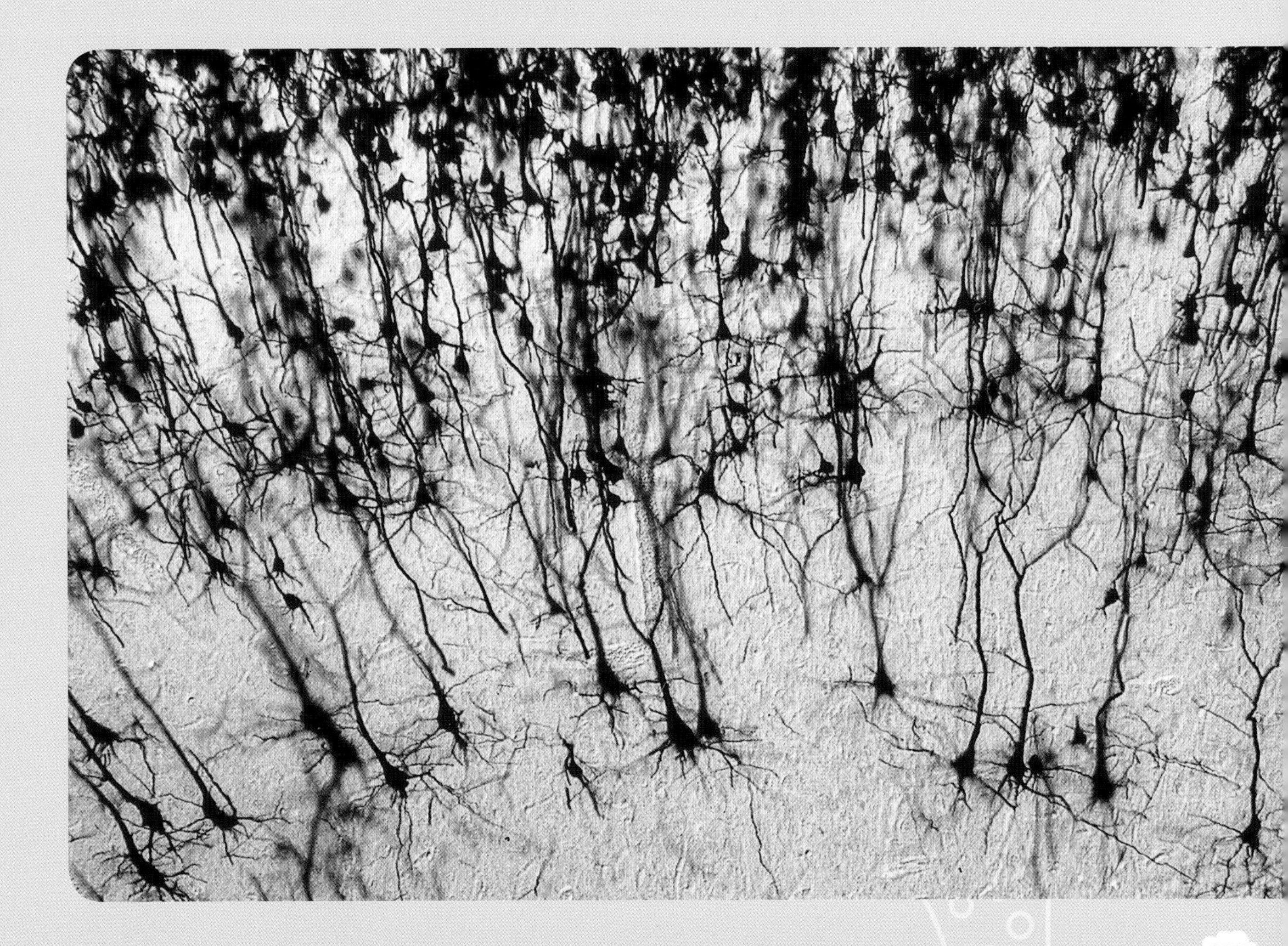

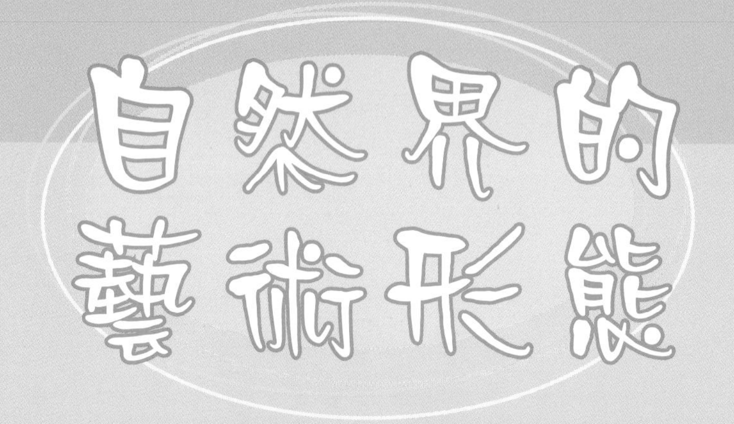

自然界的藝術形態

德國生物學家恩斯特·海克爾（Ernst Haeckel）從自己繪製的眾多生物繪畫中挑選了 100 幅具有代表性的作品，集結成《自然界的藝術形態》一書，對當時的西方科學界和藝術界都產生了巨大的影響。

精緻的繪畫並不僅僅反映繪畫本身的內容，更揭示了大自然的進化規律，同時還將當時尚未被充分認識的海洋生物形態繪製出來，讓世人見識到海洋生物的美麗奇珍。摩納哥海洋學博物館中的玻璃吊燈，就是由海克爾繪製的圓盤水母提供了設計靈感。到現在海克爾的這本書仍舊讓人嘆為觀止，現實生活中也有越來越多的靈感甚至圖稿都是來自於此書。

數學與針織的碰撞

兩千年來，數學家只知道平面和球體這兩種幾何。但是在 19 世紀早期，他們開始意識到另一個空間：在這個空間中，線條在異常的地層中徘徊，違背理性和常識。這個新空間後來被稱為雙曲線平面，在自然界裡就有許多，例如木耳、花瓣、樹葉、海蛞蝓等。雖然其屬性已知 200 年，但直到 1997 年，康奈爾大學的數學家 Daina Taimina 才研究出如何製作它的物理模型，而她使用的方法正是鉤針編織。

用數字 1 代表一目（洞）一針，數字 2 代表一目（洞）兩針的做法。

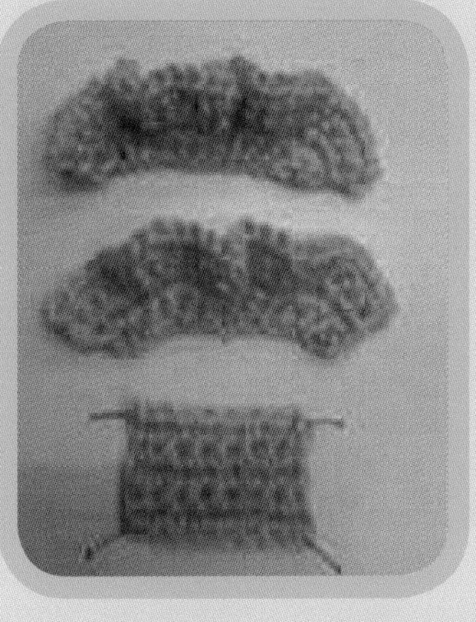

最上面的針法是 121212……連續重複針法呈現的曲線皺摺。

中間的針法是 112112112……連續重複針法呈現的曲線皺摺。

最下方的針法是 1111……連續針法呈現的狀態，就是一個平面。

可以看出，數列規則不同，所呈現的曲度空間就會不同。

參考資料：http://pi.math.cornell.edu/~dtaimina/

環境與藝術的花火

藝術從一種不可褻瀆，需要有天分的藝術家來創作的精密、瀟灑、尖銳、大氣的高貴作品，甚至只有具一定身分地位的人才能收藏的物件，逐漸走入平民的生活。創作被融合在生活空間與人互動，甚至能結合在地文化、議題等，成為思考性的環境藝術創作先驅。

近幾年來，環境變異劇烈，影響生態體系，使人們開始更深層的反思人與大地倫理關係。由此發展出的藝術不只是環境與人的互動空間而已，如何從材料來源、取得方式、生態空間的考量及作品提供給人類更多對反思的想像？藝術家更想透過作品傳遞對於環境的關懷及擔憂。

而在台灣環境藝術的脈絡中有兩位重要推手，一位是在地環境藝術先行者吳瑪悧，2006 年與嘉義縣合作策劃「北回歸線環境藝術行動」，樹立了以社區為主、推動在地社區參與，進而關注在地環境問題的典範。

另外一位就是讓台灣環境藝術承接起西方脈絡的美國藝術家艾婕音（Jane Ingram Allen），從關渡國際自然裝置藝術季、成龍溼地環境藝術節策展人，到 2015 年起連續三年擔任國立海洋科技博物館「潮藝術：國際環境藝術節」策展人，十幾年來持續將西方環境藝術家介紹給台灣，也將台灣的藝術家引進國際舞台，強調在地自然取材與自然環境的結合。

其中有位叫好又叫座的法國藝術家 Patrick Demazeau 創作的「掃把救星」，創作的地點就在海科館潮境的復育公園。創作者的作品帶有將海底的垃圾掃乾淨的期望，然而復育公園的土方下正是 20 年前的垃圾掩埋場，更凸顯了作品的思考議題。

參考資料：吳虹霏，台灣的環境藝術發展概況，數位荒原，http://www.heath.tw/nml-article/report-on-the-environmental-art-in-taiwan/

針織珊瑚的效應

國立海洋科技博物館從 2015 年起，由駐館藝術家 Sue Bamford 帶領志工、社區及學校藉由環境議題與藝術的結合，以針織珊瑚作品展示為主，針織珊瑚手工藝為輔，創作針織珊瑚作品，成為認識海洋、認識珊瑚的最佳宣傳品。

入校、進社區讓學員將課程內化之後創作出關心海洋的作品，傳達他們對海洋環境的擔憂及期待，在年終的成果特展中呈現。如台南西門實小每年執行兩次淨灘，也將淨灘的心情融入作品中命名為「小丑魚的選擇」（左上圖）；基隆中華國小也以廢棄物呈現了「海底垃圜」（左下圖），特別用「垃」取代「樂」點出了珊瑚與垃圾共存的現況。

小丑魚的選擇

海底垃圜

許多孩子在接觸這樣的課程後的改變，除了增加對環境的認知，也讓一些孩子找到了慰藉跟寄託，如基隆南榮國小、信義國中等成績不理想的孩子平時總是睡覺或是干擾老師或同學上課，但自從開始學習手作之後，他們從師長或同學中得到了讚美及認同，反而成了班上的針織小幫手，增加了這些孩子的成就感。這是教育中常被忽略的一環——人文教育，對於特殊的孩子，針織成了一種藝術治療。

針織珊瑚課程延伸出的不單是環境議題的傳達方式，還能創造人與人的互動，像是同儕間、祖孫間及同好間的話題，對於樂齡人士也是在動動手的同時動動腦的好活動，針織藝術不分老少、性別，只要想動手都可以做到。除了結合環境議題，還能把地方色彩帶入其中，例如雲林三崙國小在 2018 年所創作的媽祖新衣展現出媽祖的地方色彩，也將珊瑚產卵剛好在媽祖生日時的巧合表現在作品上。

透過海科館三年來舉辦的展覽，有越來越多的人因為針織珊瑚認識珊瑚，或是重新認識珊瑚。即使是珊瑚礁就近在咫尺的澎湖、墾丁、基隆等地居民，也不一定真的知道珊瑚是什麼、生長在什麼環境、對生態和人類有什麼樣的影響？海科館一次又一次的成功利用手作針織珊瑚讓參與計畫的學員有深度了解，也讓一般民眾透過特展知道珊瑚的存在跟價值。

人人參與的藝術

20 世紀至 21 世紀初期，在澳洲菲利普島（Phillip Island）發生一系列漏油事件。只要一塊拇指甲大小的油就可以殺死一隻小企鵝，因為企鵝的羽毛如同一件潛水衣，當企鵝身上被抹上一滴油時，便開啟了一條通道讓水可以滲透，就像潛水衣上的一個洞，這使得企鵝羽毛潮濕、身體寒冷，且牠們會用嘴喙去清理身上有毒的油汙。

當地居民發起了「為企鵝織毛衣」的全球連線行動，當身上沾滿油汙的企鵝進入菲利普島自然公園（Phillip Island Nature Parks）的野生動物診所（The Wildlife Clinic）時，會暫時穿上毛衣保暖，並防止牠們在被清洗乾淨之前整理羽毛、吞嚥有毒油。

在有限的保育人力及短時間內，這些毛衣發揮了重要的作用，全球各地寄來了過萬件的毛衣，讓環境保育不再只是保育人員的工作，不分年齡性別，只要願意參與都有機會可以投入。雖然寄送來的毛衣尺寸材質不一定合適，卻也可以協助企鵝保育基金籌措經費。

Chapter 4 手作針織珊瑚

共同針法

魟魚

海蛞蝓

河魨

章魚

菊珊瑚

海螺

軟絲

棘穗軟珊瑚

小丑魚

小丑魚帽子

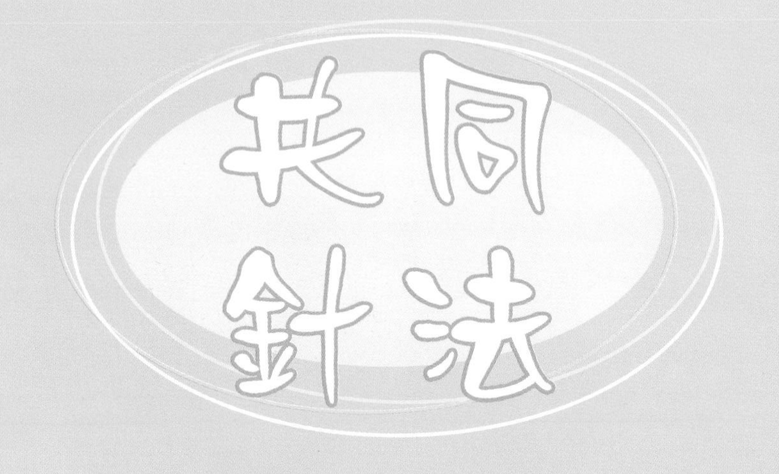

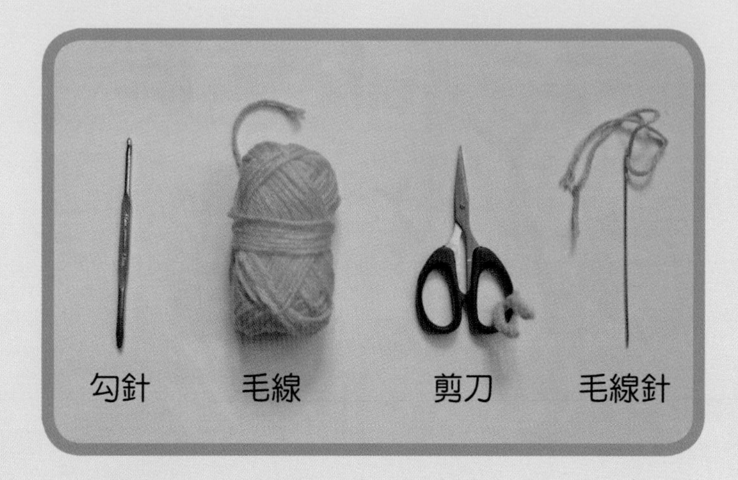

圖例

- ● 引拔針
- ○ 鎖針
- X 短針
- V 中長針
- Ŧ 長針
- ǂ 長長針

簡介與圖例

針法分成了起針及基本針法兩個部分，起針則以下列兩種最為常用：

1. 以鎖針起針為基礎發展，也是初學者最基礎的起針方式。
2. 輪狀起針是以短針為基礎發展出來的，如果想勾織圓形物品如帽子等，輪狀起針會讓起針漂亮無缺點。

基本針法則以短針（約一個鎖針的高度）最為常用，結實又緊密，適合用在勾織任何的立體生物上。長針顧名思義就是比短針長（約 2 個鎖針的高度），適合用在較為需要柔軟的區塊（如圍巾或帽子等），或是創作高低差異（如花瓣等）時與短針配合使用。利用這些基本針法的變化，可以創作出各式的海洋生物及勾織物品。

本書作品均使用以下規格之線材及工具示範。

毛線：極太紗約 2 mm　　勾針：適用 5-6 勾針

鎖針起針

勾針最基礎的步驟就是起針，以下以右撇子的動作為例示範。

1. 左手拿線如圖 1，注意重點：小指勾住線控制線的鬆緊，中指及拇指指尖捏著線，食指指向上不彎曲。
2. 右手拿針，以拿筆的方式握住勾針扁平握把處。
3. 勾針繞線一圈，左手拇指與中指捏住毛線的交叉點，勾針的勾面面向自己，勾針由內而外、由下而上纏住線後拉過掛在勾針上的線圈，完成起針。
4. 重複 3 的步驟，就是鎖針針法。

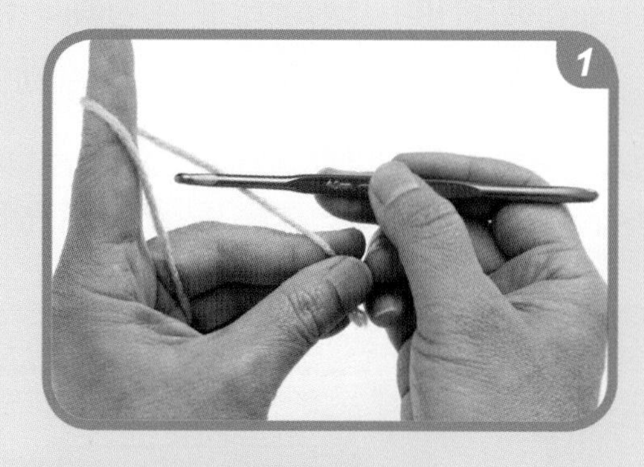

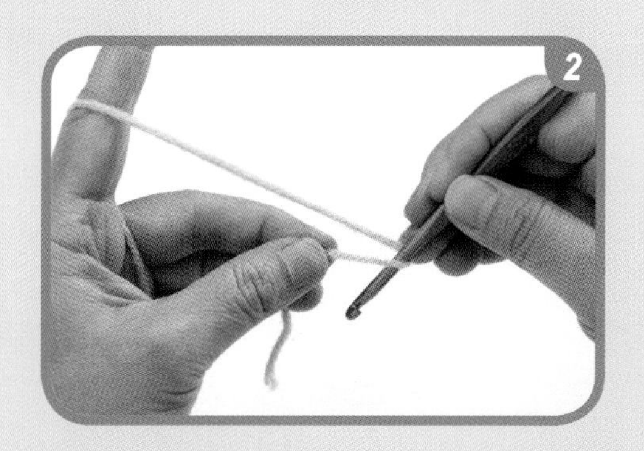

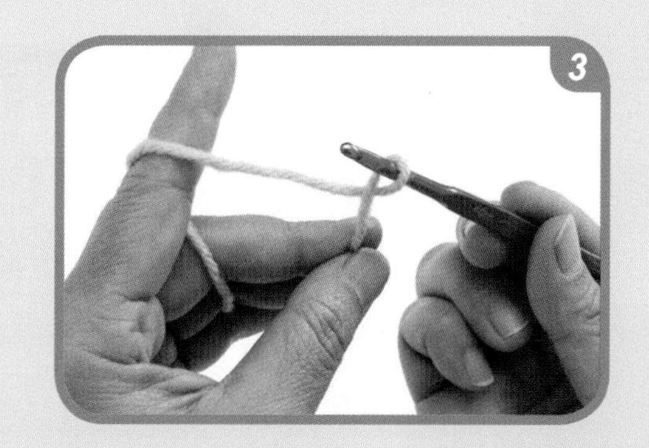

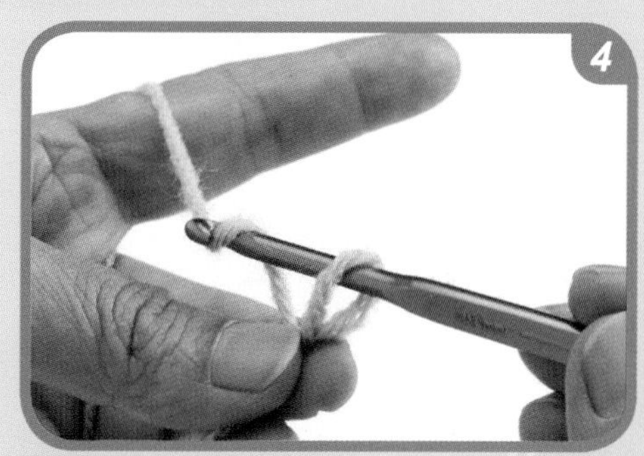

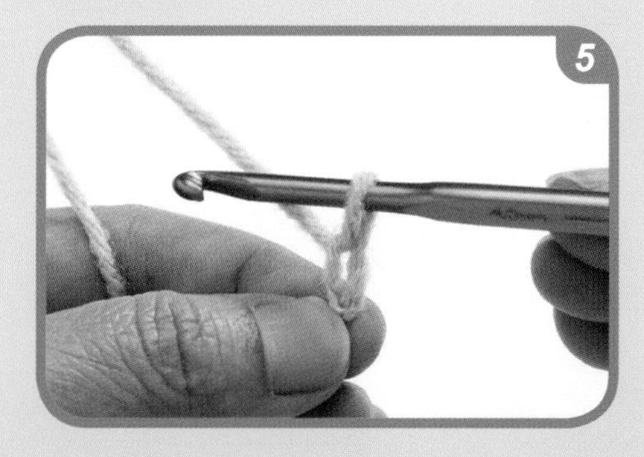

短針

短針的口訣是先穿洞勾線，再把兩個圈圈串起來。原本的目為洞，掛在勾針上的為圈。

1. 以有掛著線圈的勾針勾面面向自己，先穿過目的洞，再由內（自己）而外、由下而上勾住毛線穿過這一目，那勾針上就會有兩個圈。

2. 再以有掛著線圈的勾針勾面面向自己，先穿過目的洞，再由內而外、由下而上勾住毛線一次性穿過兩個圈，完成短針。

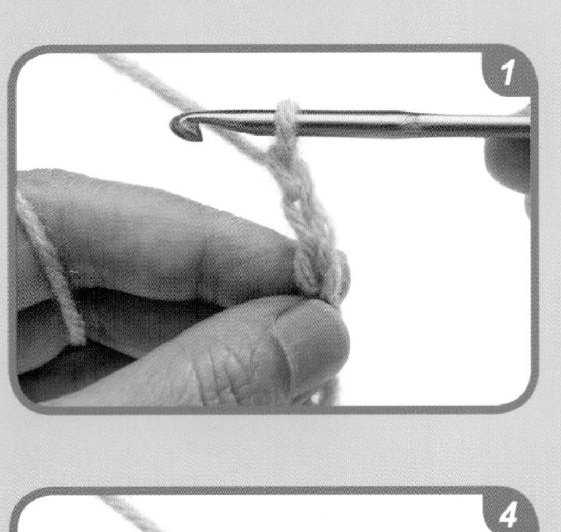

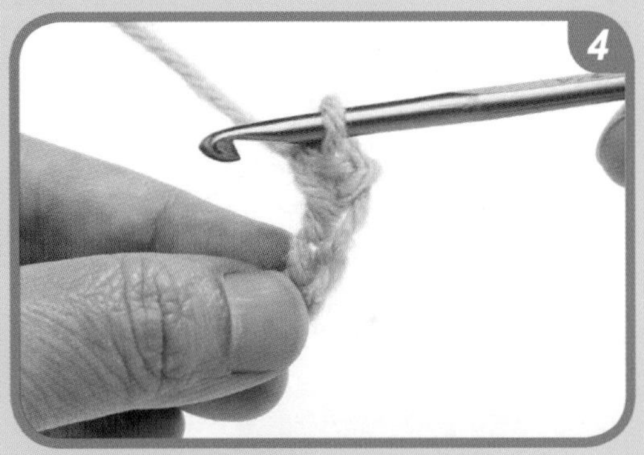

加針與減針

正常狀態下，一目勾作一個鎖針，而需要增加面積時，則會以一目內勾作兩個短針，即為加針。有加針就會有減針，減針就是勾針穿目（洞）勾出線，連續兩目，所以勾針上會有三個圈，再由內而外、由下而上勾住毛線一次性穿過三個圈。

加針

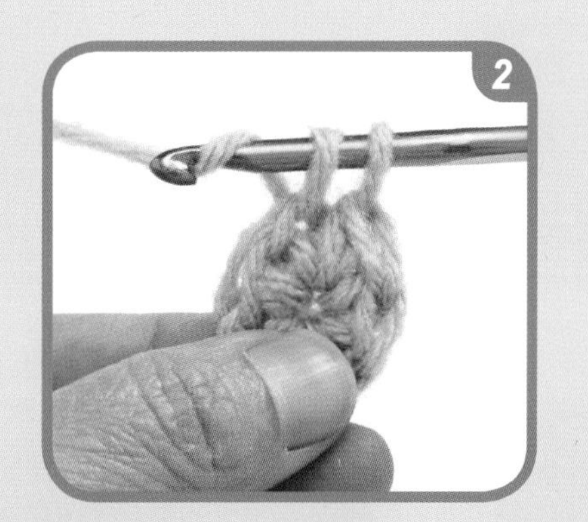

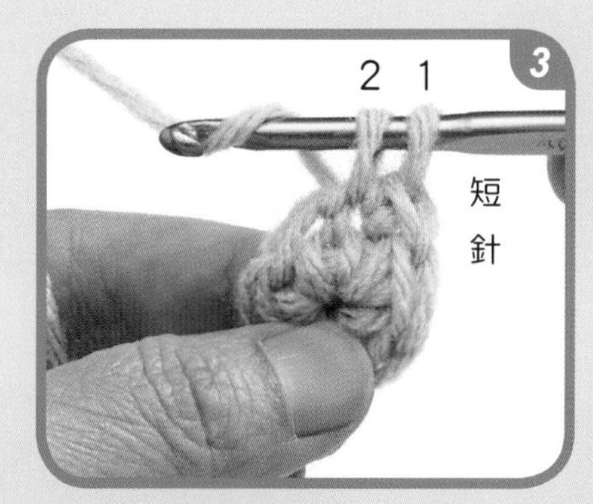

減針

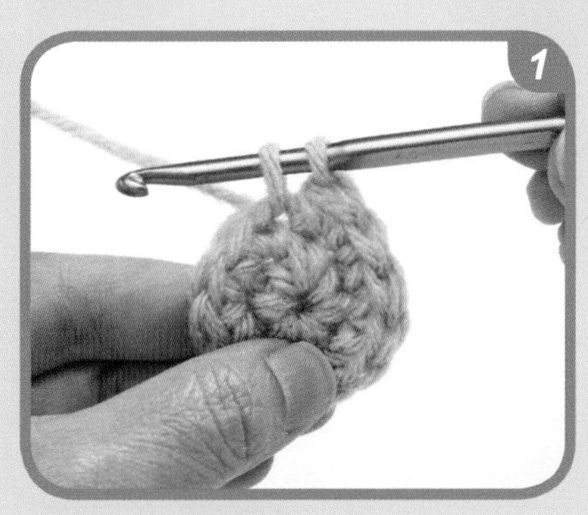

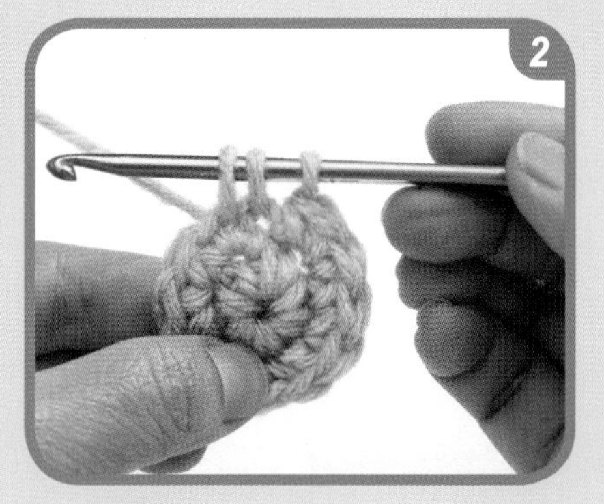

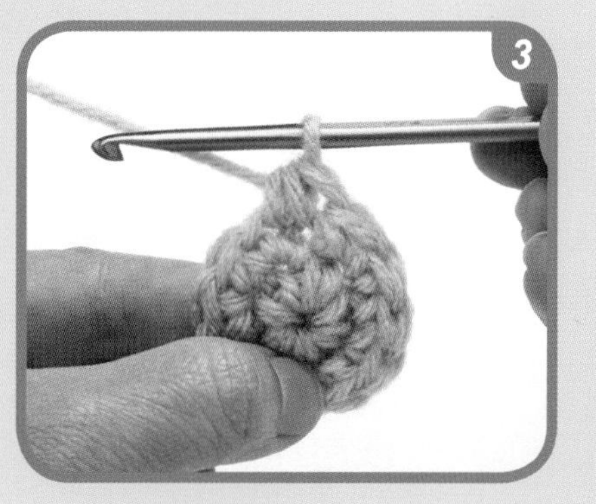

輪狀起針

1. 將毛線在手指上繞兩圈後取下，以中指及拇指捏住線圈的交叉點。
2. 將勾針勾面面向自己穿過步驟 1 所做的線圈，由下而上、由內（自己）而外的纏住線後，勾拉過線圈成為一個小圈掛在勾針上面。
3. 再重複步驟 2，變成如圖 4 的樣子。
4. 將掛著一個小圈的勾針再度穿過大圈勾拉出一個小圈，目前勾針上掛著兩個小圈，再直接勾纏住線將兩個小圈串起來，如圖 5，此步驟即為短針一目，也以此計算為第一針。
5. 再重複步驟 4 五次後，從線頭處輕拉，即可將剛才的六針短針繞成一個圓。
6. 重要的是勾針需再穿過第一目，勾住線一次性拉過目及圈，串聯起來，此針法為引拔針。

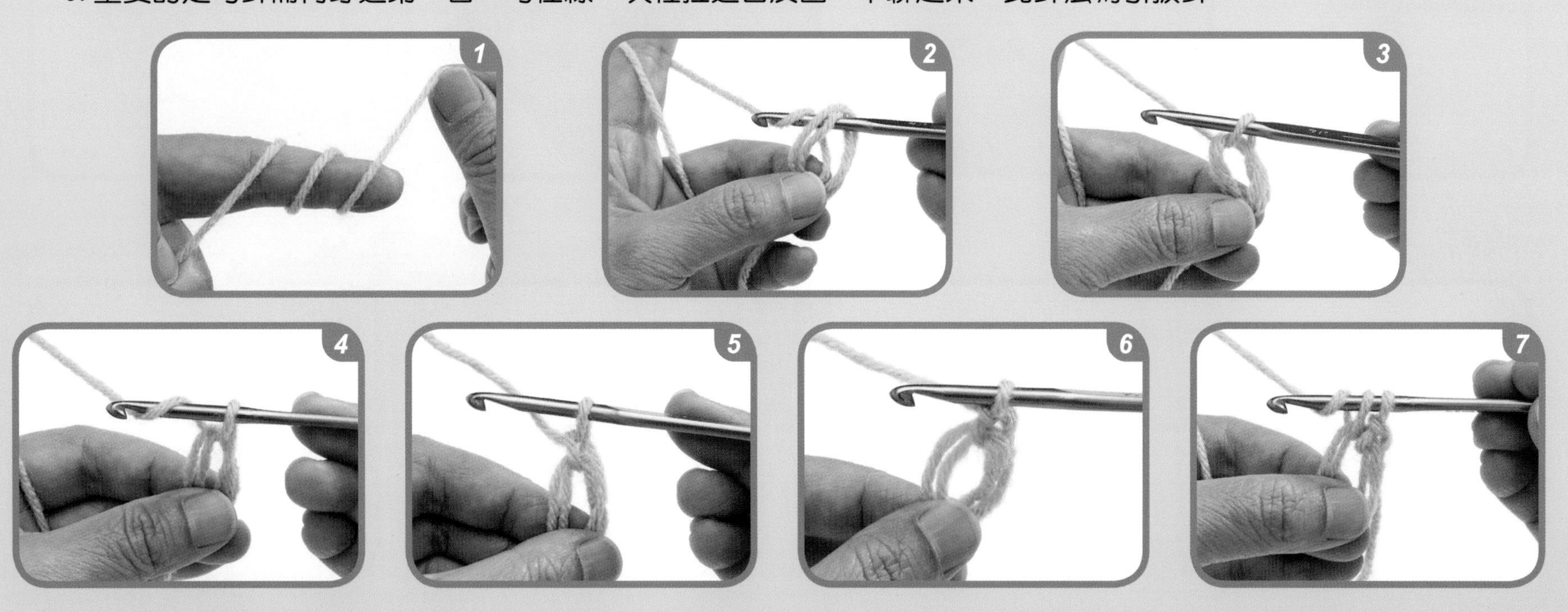

長針

先勾一圈線後穿過目，以三個鎖針為立針，穿過第五目後，勾出線，此時勾針上面有三個圈，再以兩個為一組的方式勾線串起來，重複一次，完成長針的作法。

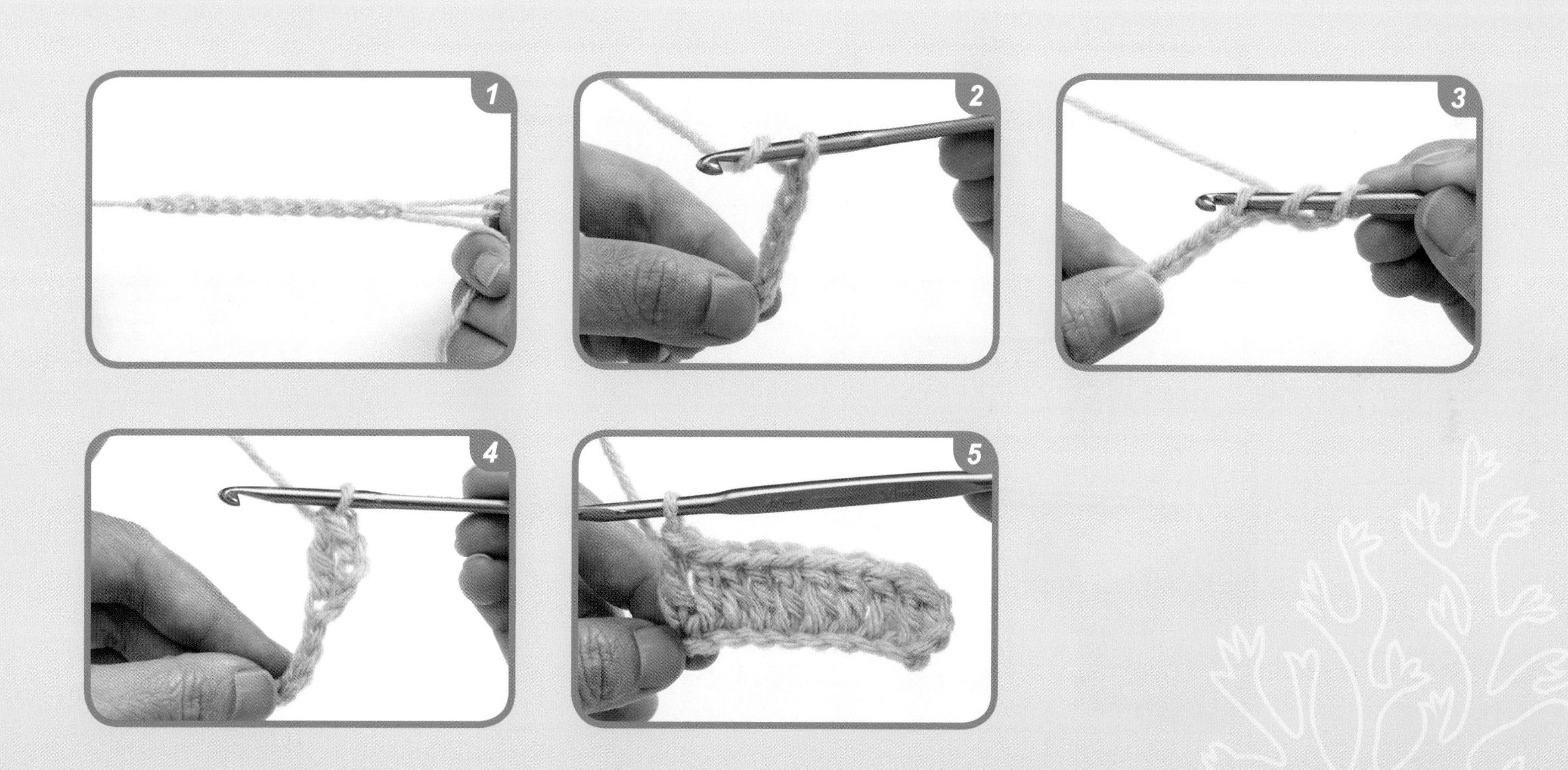

中長針

先勾線再以兩個鎖針為立針，穿過第四目的位置，勾出線，此時勾針上掛有三個圈，再勾住線一次性穿過三個圈，完成中長針。

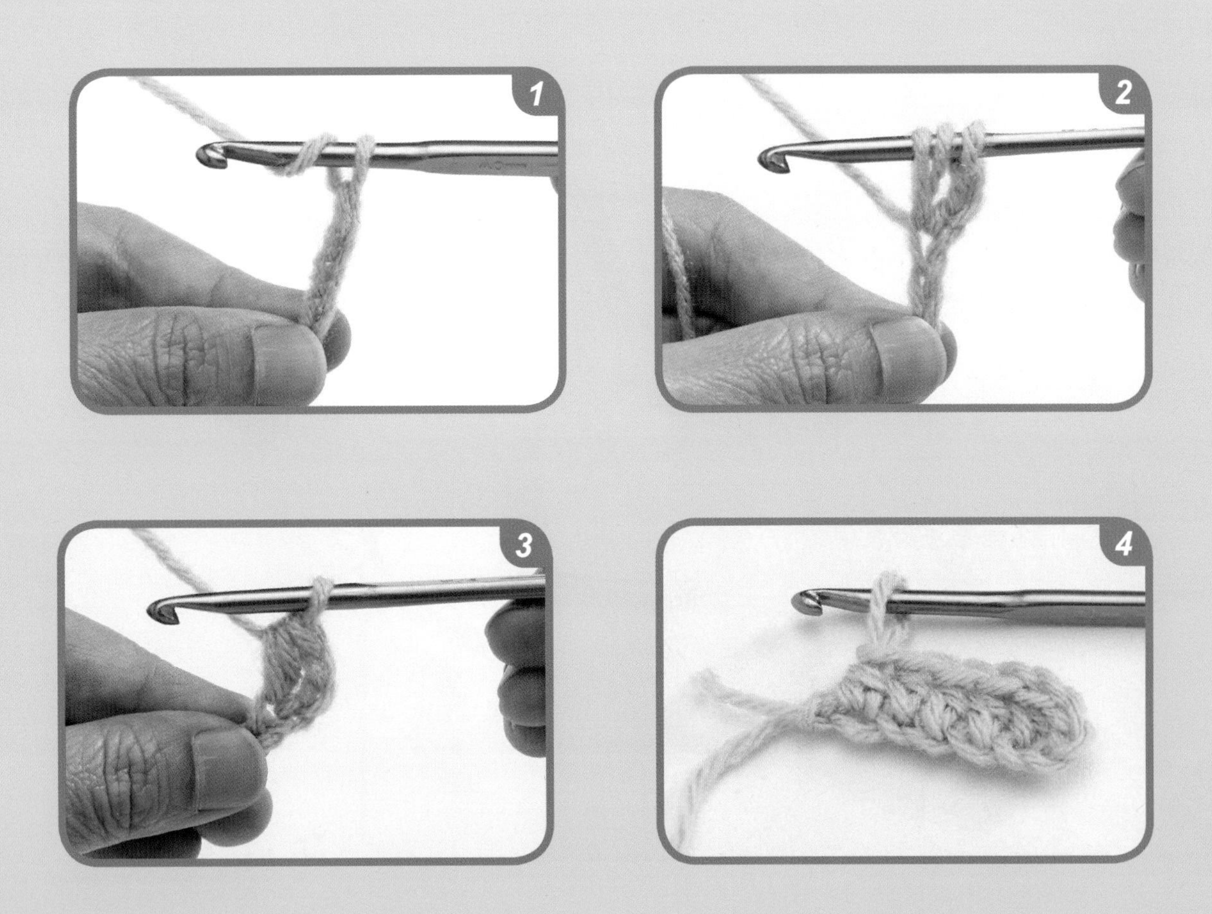

長長針

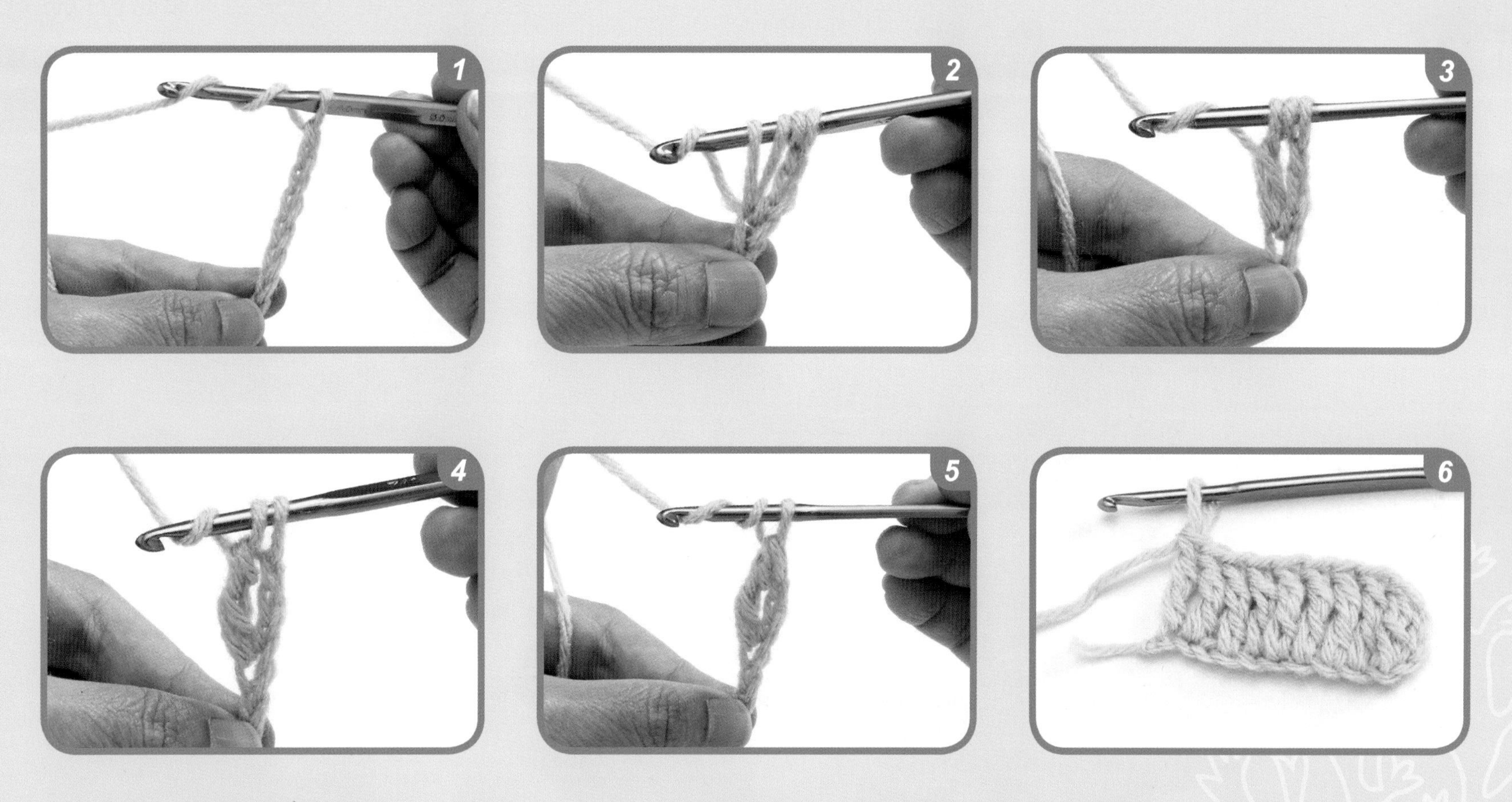

以下介紹的織物材料粗細規格，皆是以「極太」尺寸的壓克力毛線搭配 7 號針，勾織出 10 種海洋生物。

魟魚

在有毒魚類排行榜榜上有名，但其毒性不是食用毒，而是尾部有一根具有毒性的尖銳硬棘。當魟魚受到攻擊時會以硬棘抵抗，被其刺傷會中毒危及生命。雖然這樣，魟魚是很多潛水愛好者喜歡觀賞的物種之一，牠們在海中就有如轟炸機般壯觀。

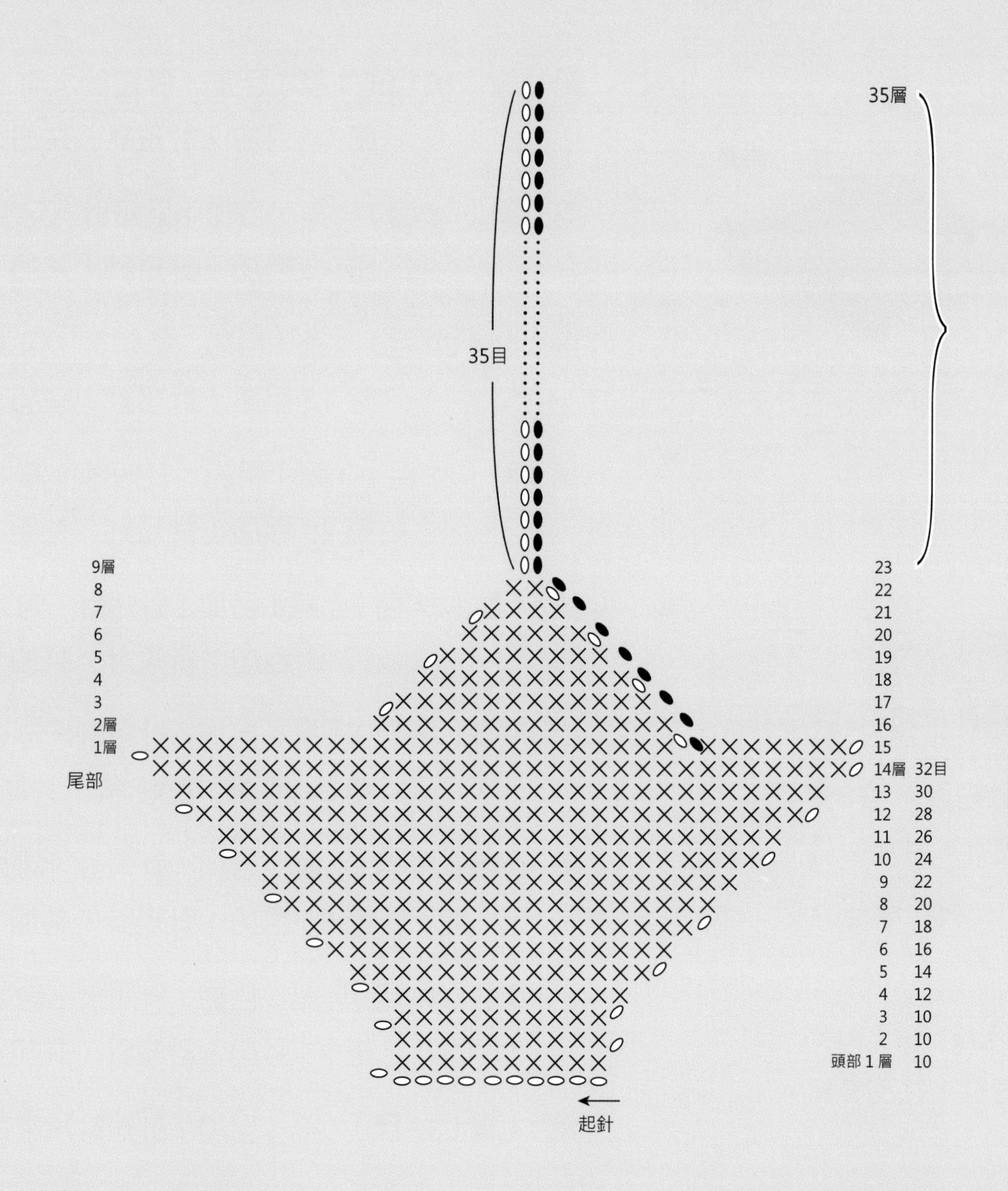
35層
35目
9層
8
7
6
5
4
3
2層
1層
尾部
23
22
21
20
19
18
17
16
15
14層 32目
13 30
12 28
11 26
10 24
9 22
8 20
7 18
6 16
5 14
4 12
3 10
2 10
頭部 1 層 10
起針

圖例

- 鎖針
- 短針
- 引拔針

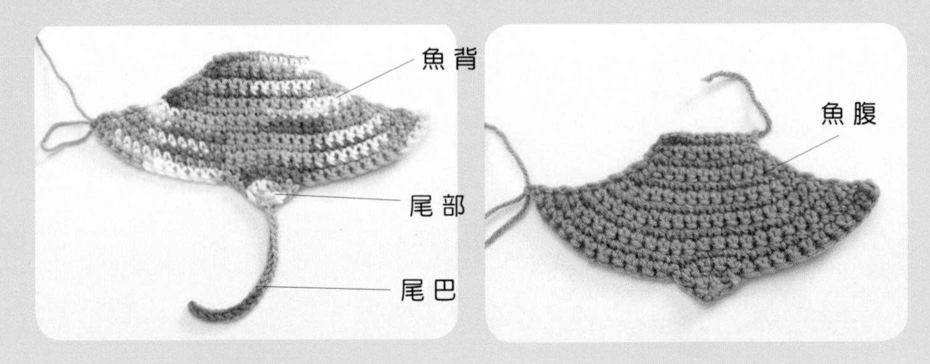

魚背（頭部）

起 11 針鎖針。

第 1 層（10 目）：勾 10 針短針。

第 2 層（10 目）：首針加 1 針鎖針，勾 10 針短針。

第 3 層（10 目）：首針加 1 針鎖針，勾 10 針短針。

第 4 層（12 目）：第 1 目加 1 針短針，勾 8 針短針，第 10 目加 1 針短針，共加 2 針。（首尾各加 1 目短針，其餘皆勾短針，以下皆同，共做 11 層）

第 5 層（14 目）：第 1 目加 1 針短針，勾 10 針短針，第 12 目加 1 針短針，共加 2 針。

第 6 層（16 目）：第 1 目加 1 針短針，勾 12 針短針，第 14 目加 1 針短針，共加 2 針。

第 7 層（18 目）：第 1 目加 1 針短針，勾 14 針短針，第 16 目加 1 針短針，共加 2 針。

第 8 層（20 目）：第 1 目加 1 針短針，勾 16 針短針，第 18 目加 1 針短針，共加 2 針。

第 9 層（22 目）：第 1 目加 1 針短針，勾 18 針短針，第 20 目加 1 針短針，共加 2 針。

第 10 層（24 目）：第 1 目加 1 針短針，勾 20 針短針，第 22 目加 1 針短針，共加 2 針。

第 11 層（26 目）：第 1 目加 1 針短針，勾 22 針短針，第 24 目加 1 針短 針，共加 2 針。

第 12 層（28 目）：第 1 目加 1 針短針，勾 24 針短針，第 26 目加 1 針短針，共加 2 針。

第 13 層（30 目）：第 1 目加 1 針短針，勾 26 針短針，第 28 目加 1 針短針，共加 2 針。

第 14 層（32 目）：第 1 目加 1 針短針，勾 28 針短針，第 30 目加 1 針短針，共加 2 針。

尾部

第 15 層（尾部第 1 層，14 目）：續勾 24 針短針，折返勾 14 針短針。

第 16 層（尾部第 2 層，14 目）：續勾 24 針短針，折返勾 14 針短針。

第 17 層（尾部第 3 層，12 目）：第 1、2 目併 1 針，勾 10 針短針，第 13、14 目併 1 針，共減 2 針。（首尾各減 1 針，其餘皆勾短針，以下皆同，共做 5 層）

第 18 層（尾部第 4 層，10 目）：第 1、2 目併 1 針，勾 8 針短針，第 11、12 目併 1 針，共減 2 針。

第 19 層（尾部第 5 層，8 目）：第 1、2 目併 1 針，勾 6 針短針，第 9、10 目併 1 針，共減 2 針。

第 20 層（尾部第 6 層，6 目）：第 1、2 目併 1 針，勾 4 針短針，第 7、8 目併 1 針，共減 2 針。

第 21 層（尾部第 7 層，4 目）：第 1、2 目併 1 針，勾 2 針短針，第 5、6 目併 1 針，共減 2 針。

第 22 層（尾部第 8 層，2 目）：第 1、2 目併 1 針，第 3、4 目併 1 針，共減 2 針。

第 23 層（尾部第 9 層，1 目）：最後勾一引拔針，將 2 針串起。

尾巴

續勾 35 針鎖針，以引拔針返回至尾部第 1 層（第 15 層），將魚身完成。

魚腹

同魚背織法，不勾尾巴。

將魚腹、魚背兩片縫合，留魚口塞填充物即完成。

海蛞蝓

色彩鮮艷又多樣的軟體動物，常被形容為沒有殼的蝸牛，多數種類棲息在色彩繽紛的珊瑚礁區，其食性也如同體色般多樣化，甚至有些海蛞蝓是專吃海蛞蝓維生的。

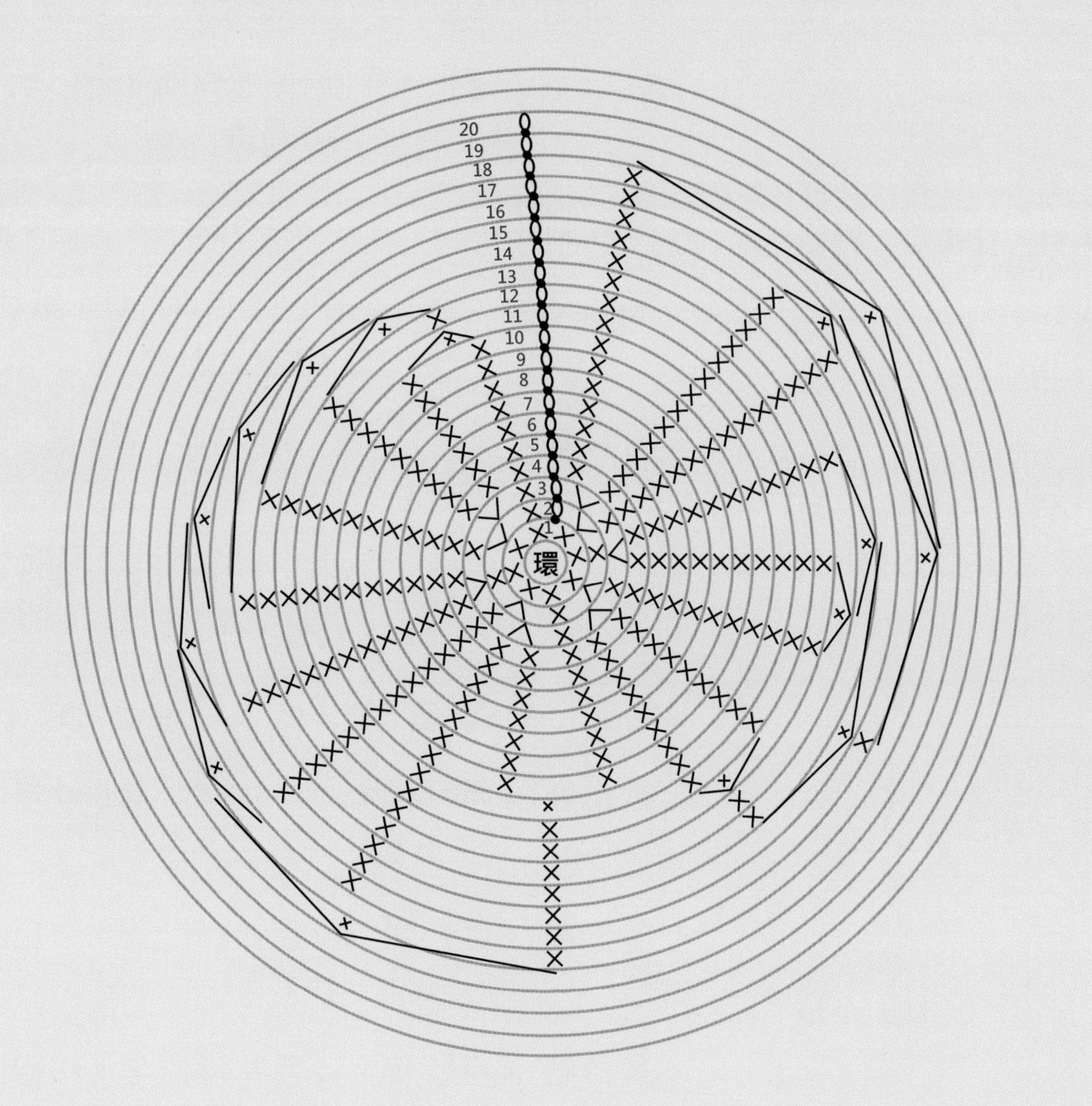

圖例

- ⬭ 鎖針
- X 短針
- ● 引拔針
- 2針併一針短針
- V 加針

身體

環狀起針。

第 1 層（8 目）：環狀起針後勾 8 針短針，續以引拔針圈起再勾 1 針鎖針，往後每一層皆加 1 鎖針。

第 2 層（12 目）：1 目不加針，1 目加 1 針短針，共加 4 針。

第 3 層（18 目）：1 目不加針，1 目加 1 針短針，共加 6 針。

第 4 層（18 目）：勾 18 針短針。

第 5 層（18 目）：勾 18 針短針。

第 6 層（18 目）：勾 18 針短針。

第 7 層（18 目）：勾 18 針短針。

第 8 層（18 目）：勾 18 針短針。

第 9 層（18 目）：勾 18 針短針。

第 10 層（18 目）：勾 18 針短針。

第 11 層（16 目）：第 1、2 目併 1 針，第 10、11 目併 1 針，共減 2 針。

第 12 層（16 目）：勾 16 針短針。

第 13 層（14 目）：第 1、2 目併 1 針，第 9、10 目併 1 針，共減 2 針。

第 14 層（12 目）：第 1、2 目併 1 針，第 8、9 目併 1 針，共減 2 針。

第 15 層（10 目）：第 1、2 目併 1 針，第 7、8 目併 1 針，共減 2 針。

勾至 15 層，先塞入些許棉花後，接續勾第 16 層。

第 16 層（8 目）：第 1、2 目併 1 針，第 6、7 目併 1 針，共減 2 針。

第 17 層（6 目）：第 1、2 目併 1 針，第 5、6 目併 1 針，共減 2 針。

第 18 層（4 目）：第 1、2 目併 1 針，第 4、5 目併 1 針，

共減 2 針。

第 19 層（2 目）：第 1、2 目併 1 針，第 3、4 目併 1 針，
共減 2 針。

第 20 層（1 目）：最後勾 1 引拔針，將兩針串起，
續勾 1 鎖針，截斷線完成身體。

波浪形側翼

1. 從圓頭部分第 2 層位置開始向左順著身體側面勾短針至 16 層位置，向左橫向續勾短針，至圓頭第 2 層起針處，引拔針圈起。

2. 先勾 3 鎖針，每目勾 3 長針，使側翼形成波浪狀。

3. 換黑線（或其他顏色的線），於外圍勾一圈短針（滾邊）。

觸手

1. 勾 7 針鎖針，續以引拔針回勾固定。共需勾 6 ～ 8 條，以縫針縫在靠近尖端上平面處，觸手向上。

2. 於圓頭第 5 層位置挑 7 針鎖針，續以引拔針回勾至起針處固定。左右各一條觸手，共勾 2 條。

河魨

外型橢圓、極為可愛的魚類，在河口及珊瑚礁區都有其蹤影。游泳速度不快，面對獵食者攻擊，則會吸水脹滿身體驚嚇對方。有些種類有堅硬的硬刺可防禦攻擊，有些種類身體有毒素，讓其獵食者不敢造次。

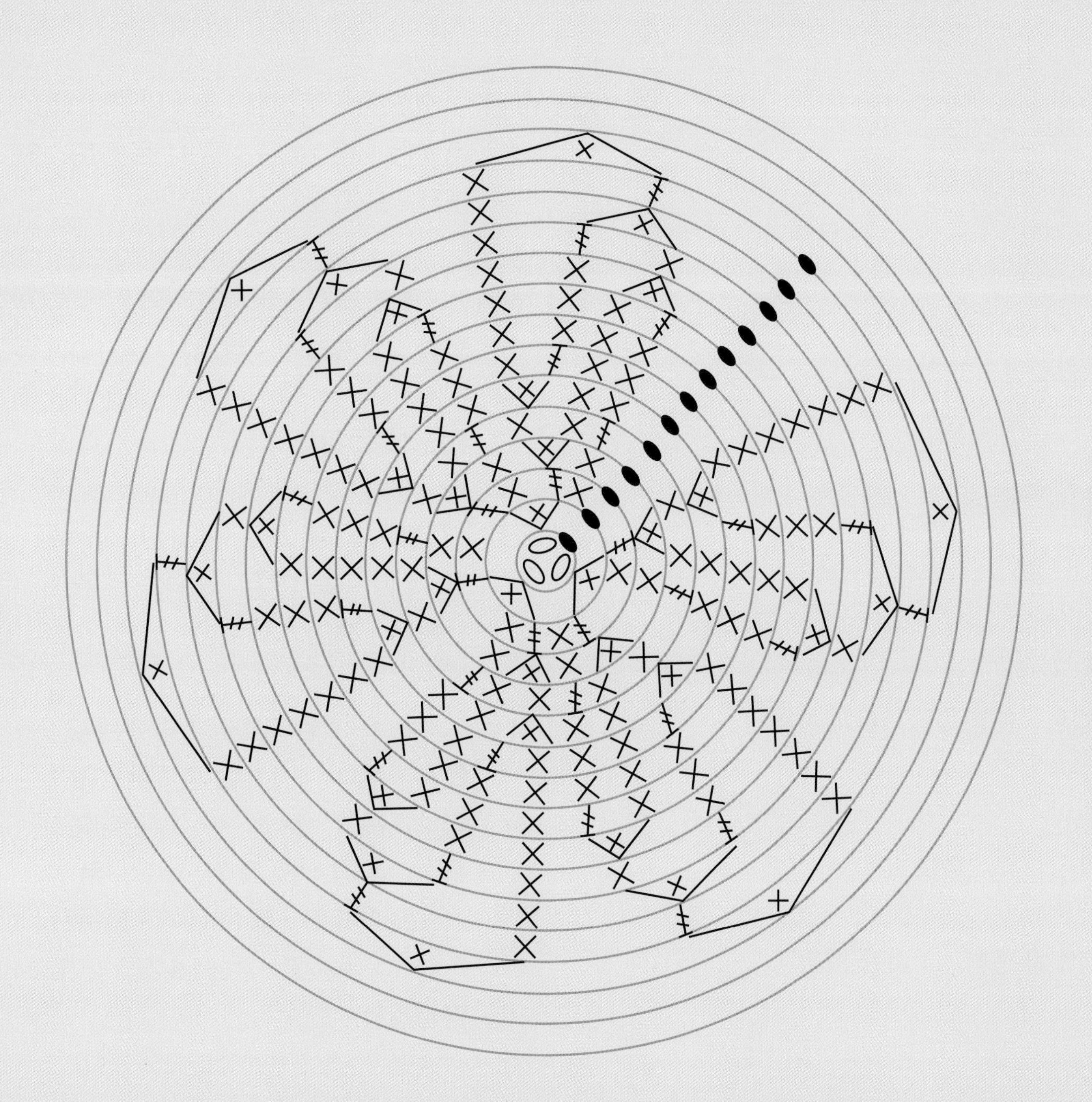

圖例

- 鎖針
- 短針
- 短針2回併一針
- 短針每回加一針
- 短針
- 長長針
- 引拔針

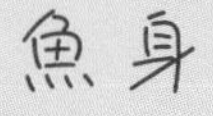

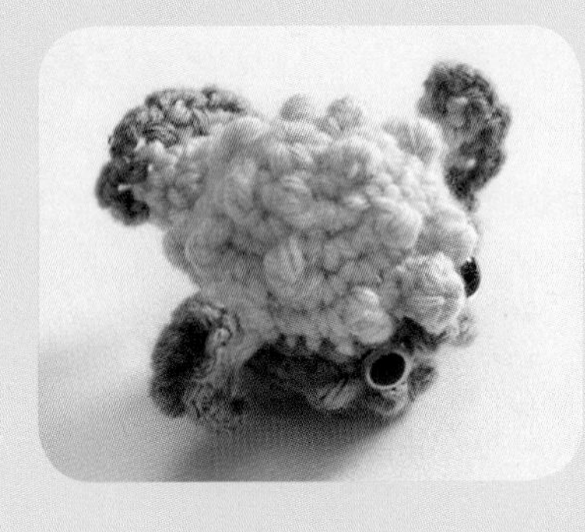

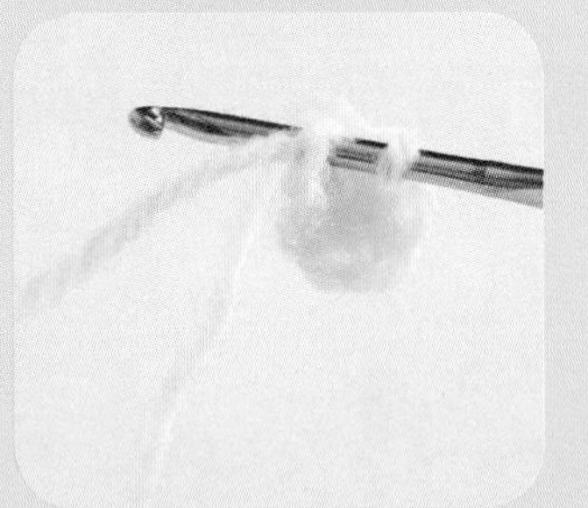

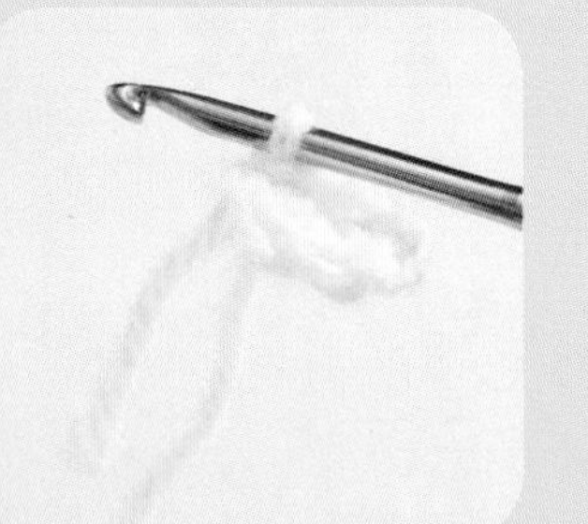

鎖針起針：起 3 鎖針引拔圈起，往後每層首針加 1 針鎖針或立針。

第 1 層（6 目）：在圓圈內勾 6 針短針後引拔。

第 2 層（12 目）：每目勾 1 針短針、1 針長長針，共加 6 針。

第 3 層（18 目）：勾短針，第 2 目、第 4 目、第 6 目、第 8 目、第 10 目、第 12 目各加 1 針短針，共加 6 針。

第 4 層（18 目）：第 1 目勾 1 長長針，第 2、3 目勾短針，第 4 目勾 1 長長針，第 5、6 目勾短針……，第 16 目勾 1 長長針，第 17、18 目勾短針。

第 5 層（24 目）：勾短針，第 3 目、第 6 目、第 9 目、第 12 目、第 15 目、第 18 目各加一針短針，共加 6 針。

第 6 層（24 目）：第 1、2 目勾短針，第 3 目勾 1 長長針，第 4、5、6 目勾短針，第 7 目勾 1 長長針，第 8、9、10 目勾短針，第 11 目勾 1 長長針……，第 20、21、22 勾短針，第 23 目勾 1 長長針（3 短針、1 長長針，共做 5 次），第 24 目勾短針。

換線。

第 7 層（24 目）：本層皆勾短針。

第 8 層（24 目）：第 1 目勾長長針，第 2、3、4 目勾短針，第 5 目勾長長針，第 6、7、8 目勾短針……，第 21 目勾長長針，第 22、23、24 目勾短針。（1 長長針、3 短針，共做 6 次）

第 9 層（18 目）：本層皆勾短針，其中第 1、2 目併 1 針，第 5、6 目併 1 針，第 9、10 目併 1 針，第 13、14 目併 1 針，第 17、18 目併 1 針，第 21、22 目併 1 針，共減 6 針。

第 10 層（18 目）：第 1 目勾短針，第 2 目勾長長針，第 3、4 目勾短針，第 5 目勾長長針……，第 15、16 目勾短針，第 17 目勾長長針。（2 短針、1 長長針，共做 5 次），第 18 目勾短針。

第 11 層（12 目）：本層皆勾短針，其中第 1、2 目併 1 針，第 4、5 目併 1 針，第 7、8 目併 1 針，第 10、11 目併 1 針，第 13、14 目併 1 針，第 16、17 目併 1 針，共減 6 針。

第 12 層（12 目）：第 1 目勾長長針，第 2 目勾短針，第 3 目勾長長針，第 4 目勾短針……，第 11 目勾長長針，第 12 目勾短針。（1 長長針、1 短針，共做 6 次）

第 13 層（6 目）：第 1、2 目併一針短針，第 3、4 目併一針短針……，第 11、12 目併一針短針，共減 6 針。

塞棉花，最後以縫針將剩餘的 6 針串起完成身體部分。

胸鰭 2 片

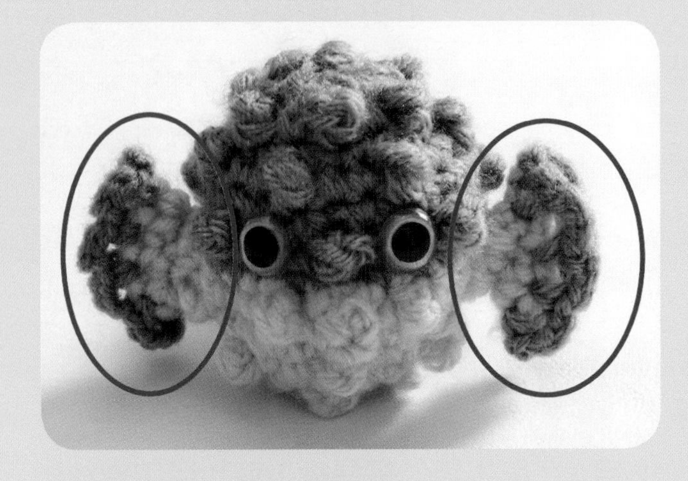

起 3 鎖針引拔圈起。

第 1 層（5 目）：勾 5 短針，引拔後加 1 鎖針（立針）。

第 2 層（7 目）：第 1 目勾 1 針短針，第 2 目勾 2 短針，第 3 目勾 1 短針，第 4 目勾 2 短針，第 5 目勾 1 短針，共加 2 針。

第 3 層（7 目）：先勾鎖針 3 針（1 針鎖針作為結束引拔針）於第 1 目勾短針，第 2 目先勾鎖針 2 針，接著勾短針，（3 鎖針、1 短針，2 鎖針、1 短針）直到本層以引拔針結束。

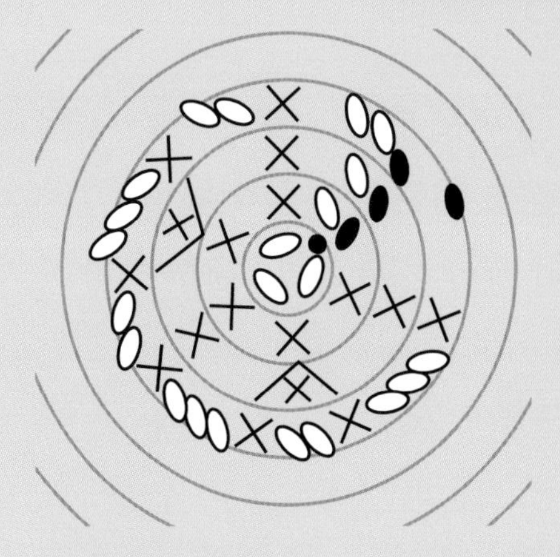

尾鰭 1 片

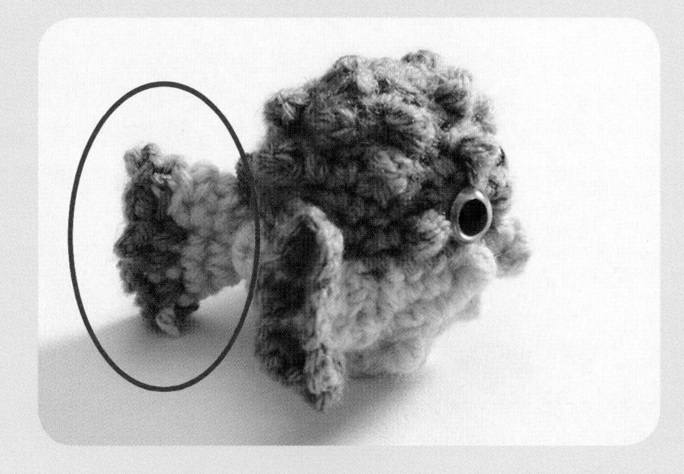

起 3 鎖針引拔圈起。

第 1 層（6 目）：勾 6 短針，引拔後加 1 鎖針（立針），以下皆同。

第 2 層（9 目）：本層皆勾短針，第 2 目、第 4 目、第 6 目各加 1 針短針，共加 3 針。

第 3 層（9 目）：勾 9 短針。

換線。

先勾鎖針 3 針（1 針鎖針做為結束引拔針）於第 1 目勾短針，第 2 目先勾鎖針 2 針、接著勾短針（3 鎖針 1 短針；2 鎖針 1 短針），直到本層以引拔針結束。

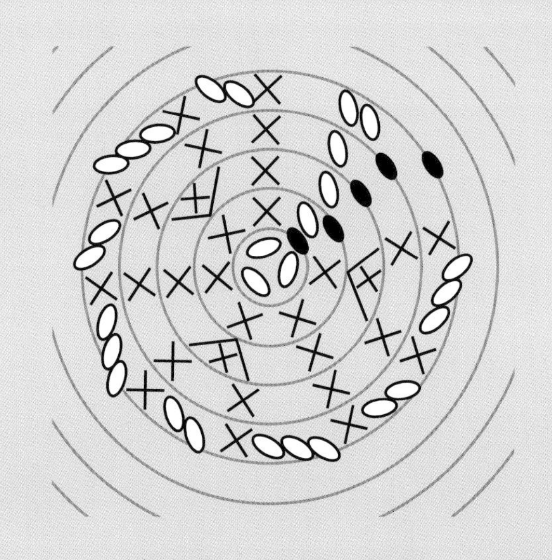

縫合嘴、尾鰭、胸鰭、眼睛即完成。

章魚

常有人形容該生物是腳長在頭上，其實也就是頭足類的生物。別因為外表而小看牠，章魚的身體可是能依環境改變體表色塊，偽裝成其他海洋生物，還聰明到會把玻璃罐頭打開吃裡面的魚餌，最有名的就是 2014 年能夠準確預測足球賽事結果的章魚保羅。

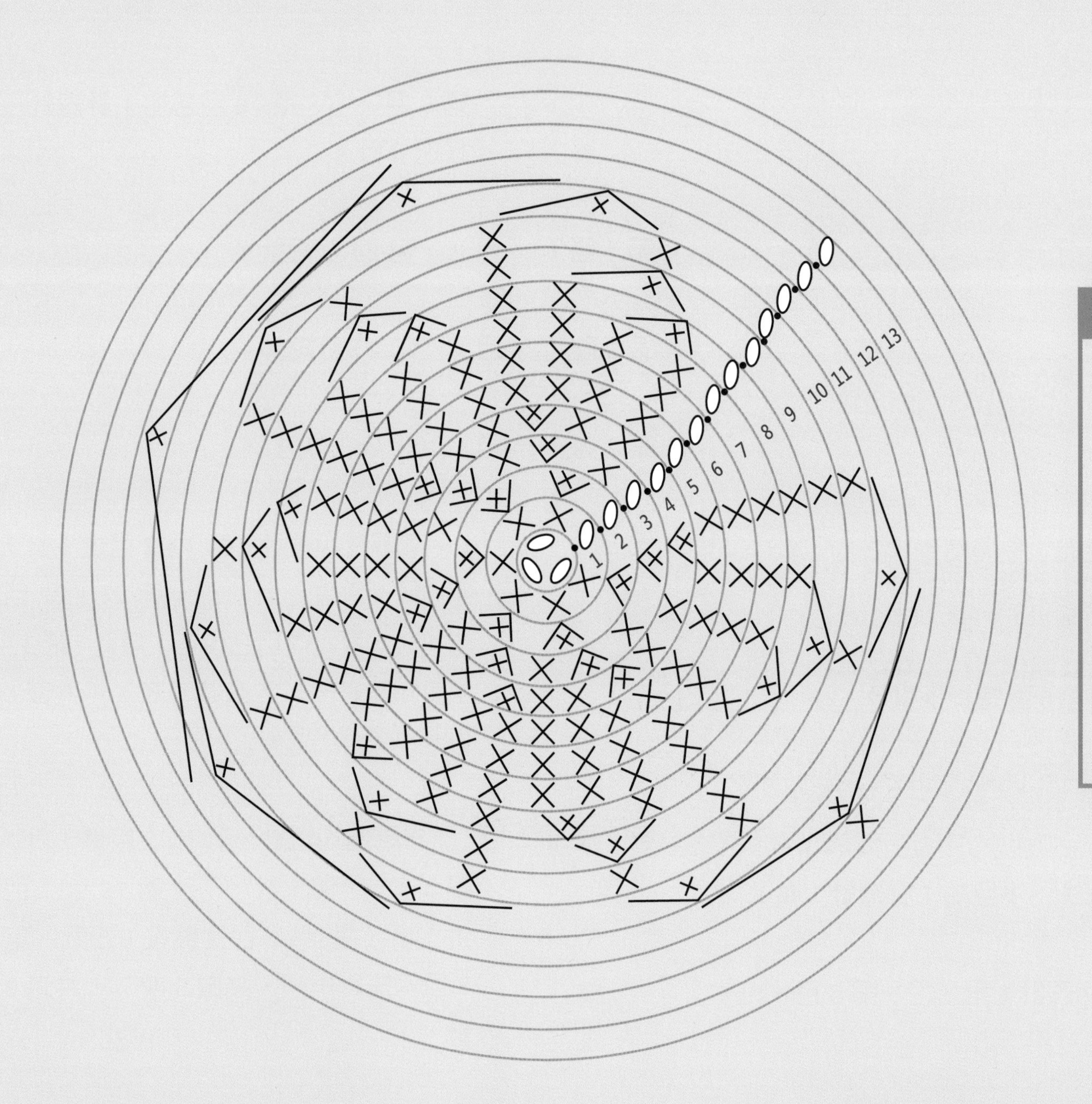

圖例

- ⬭ 鎖針
- ● 引拔針
- ✕ 短針
- 短針加針
- 中長針加針
- 3針長針加針
- 2針中長針併一針
- 2針短針併一針

頭部

鎖針起針：起 3 鎖針引拔圈起，往後每層首針加 1 針鎖針或立針。

第 1 層（6 目）：在圓圈內勾 6 針短針後引拔。

第 2 層（12 目）：每一目加 1 針短針，共加 6 針。

第 3 層（18 目）：1 目不加針、1 目加 1 針短針，共加 6 針。

第 4 層（24 目）：本層皆勾短針，第 3 目、第 6 目、第 9 目……、第 18 目各加 1 針短針，共加 6 針。

第 5 層（24 目）：勾 24 針短針。

第 6 層（24 目）：勾 24 針短針。

第 7 層（24 目）：勾 24 針短針。

第 8 層（18 目）：本層皆勾短針，第 1、2 目併 1 針，第 5、6 目併 1 針……，第 21、22 目併 1 針（第 1、2 目合併勾 1 短針，第 3、4 目勾短針……，共做 6 次），共減 6 針。

第 9 層（12 目）：本層皆勾短針，第 1、2 目併 1 針，第 4、5 目併 1 針……，第 16、17 目併 1 針（第 1、2 目合併勾 1 短針、第 3 目勾短針……，共做 6 次），共減 6 針。

第 10 層（12 目）：勾 12 針短針。

第 11 層（6 目）：本層皆勾短針，第 1、2 目併 1 針，第 3、4 目併 1 針……，第 11、12 目併 1 針，共減 6 針。

第 11 層結束後塞棉花，再續織第 12 層。

第 12 層（3 目）：本層皆勾短針，第 1、2 目併 1 針，第 3、4 目併 1 針，第 5、6 目併 1 針，共減 3 針。

第 13 層（2 目）：第 1、2 目併 1 針短針，第 3 目勾短針，成一滴狀球。

剪線。

身體

於第 10 層 12 目短針處挑 16 短針。

第3層 24 目

第2層 20 目

第1層 16 目

挑16針

1 2 3 4 5 6 7 8 9 10 11 12

第 1 層（16 目）：本層皆勾短針，於第 3 目、第 6 目、第 9 目、第 12 目各加 1 針短針，共加 4 針。

第 2 層（20 目）：本層皆勾短針，於第 4 目、第 8 目、第 12 目、第 16 目各加 1 針短針，共加 4 針。

第 3 層（24 目）：本層皆勾短針，於第 5 目、第 10 目、第 15 目、第 20 目各加 1 針短針，共加 4 針。

腕足（8 隻）

章魚身體 24 目，需勾 8 隻腕足，每一隻腕足分配 3 目的空間。（2 目勾腕足、1 目為間隔織短針……以此類推，共需勾 8 隻腕足）

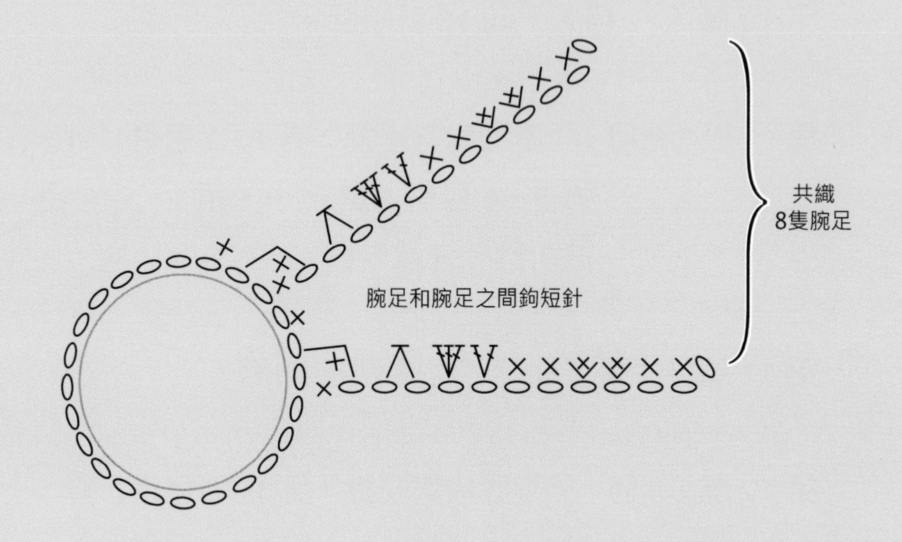

先勾 1 針短針後，再勾 11 針鎖針、1 針立針，返回。

第 1、2 目勾短針，第 3、4 目勾 2 短針，第 5、6 目

勾短針，第 7 目勾 2 針中長針，第 8 目勾 3 針長針，第 9、10 目兩針中長針併 1 針，第 10 目連接章魚身體，兩針併 1 針短針。

菊珊瑚

石珊瑚的一種，容易在珊瑚礁海岸邊發現，從潮間帶的潮池到數十公尺深的海中都有其蹤影。種類和顏色都非常具多樣性，外型有的呈團塊狀，有的就沿著地形生長，其碳酸鈣骨骼是堆積成珊瑚礁的重要組成之一。

以淺色線起針，鎖針 11 針。

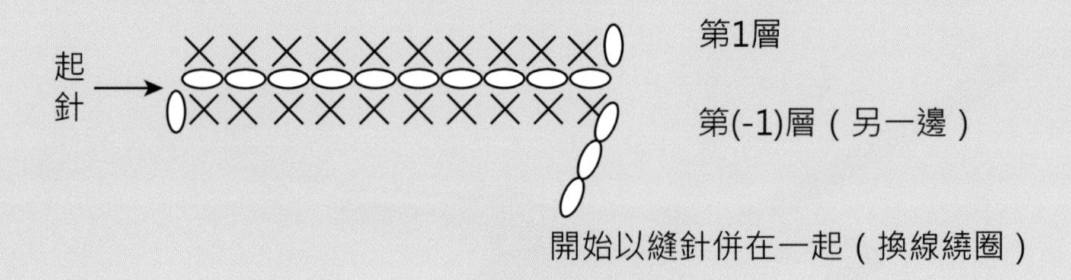

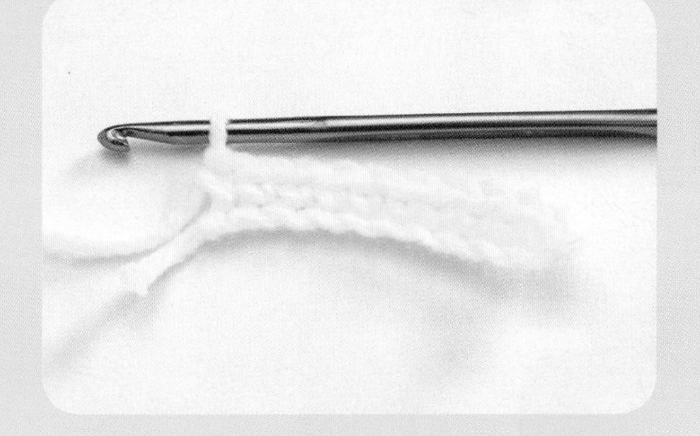

第 1 層（10 目）：勾 10 針短針。

第 -1 層（另一邊，10 目）：首針加 1 針鎖針，勾 10 針短針，形成一橢圓形。

1. 先勾 3 針鎖針。將勾針、縫針併在一起增加厚度，以深色線由外往內繞 10 圈，抽出縫針。（圖 1）

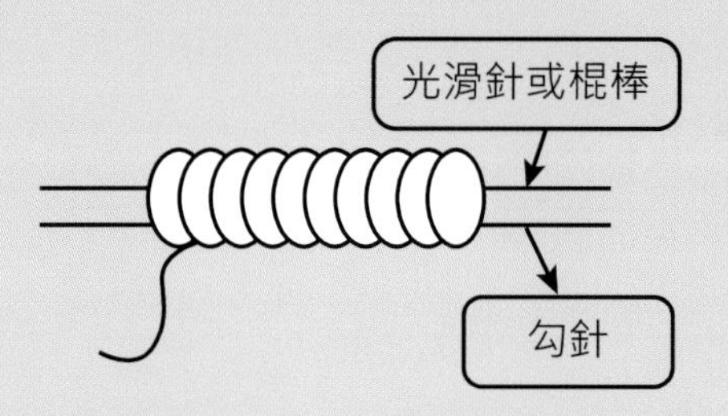

圖 1

2. 以勾針將線從 10 圈的線圈洞裡勾出。（圖 2）

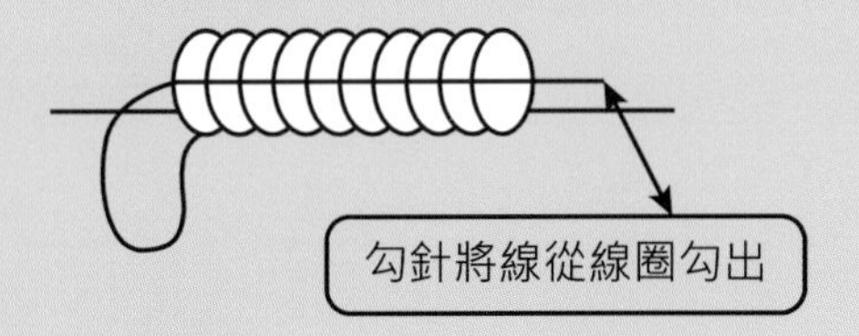

圖 2

3. 以引拔針固定，續勾 3 鎖針，即完成第一個長條線圈。

4. 重複步驟 1 ～ 3，將上述橢圓形勾滿長條線圈，即完成一隻菊珊瑚。

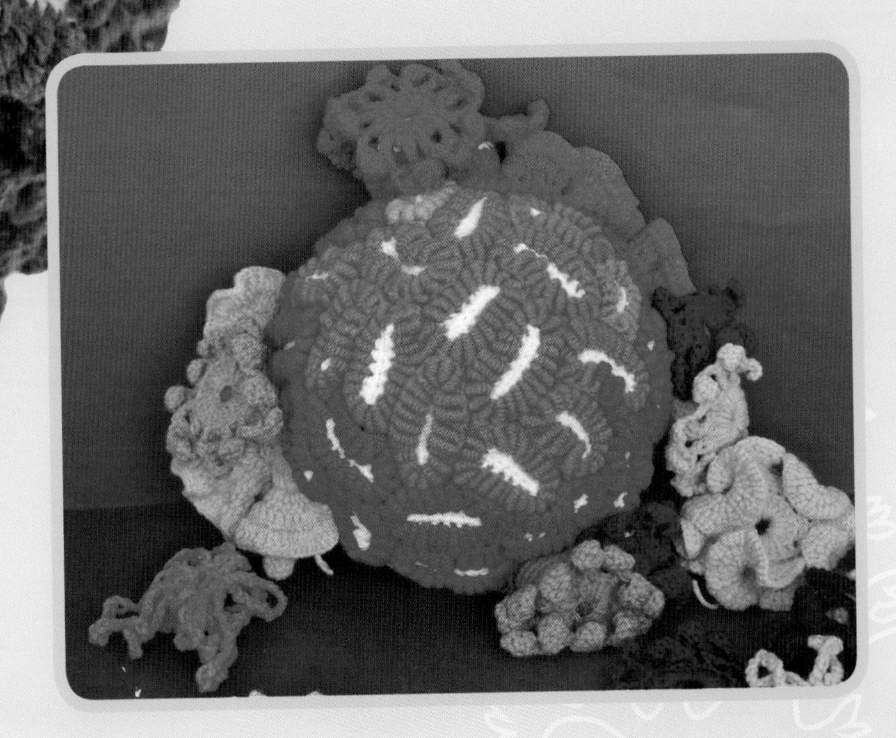

海螺

螺類分布的水域極為廣泛，從淡水到海水、從極地海域到熱帶珊瑚礁區都有其分布。螺類的貝殼多樣性常讓人嘆為觀止，牠們的殼也是寄居蟹用來居住和生活的住所，到海邊看到海螺殼請別帶走，把這些殼都留給牠們吧！

圖例

- ○ 鎖針
- ● 引拔針
- × 短針
- 加針（短針）
- 併針（2針併一針短針）

起 3 鎖針圍圈。

每層首針加 1 針鎖針（立針）。

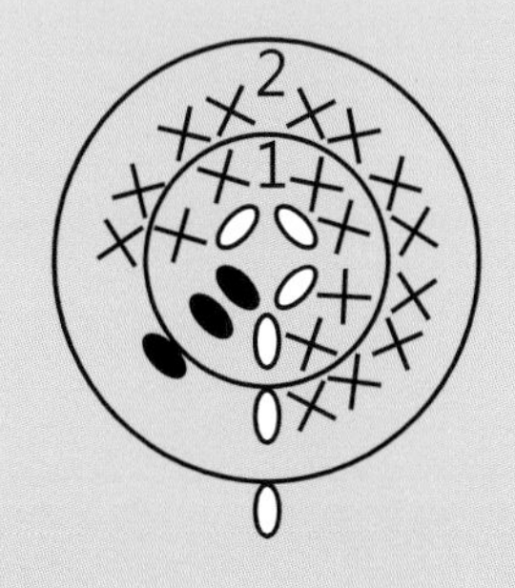

第 1 層（3 目）：勾 3 針短針。

第 2 層（6 目）：每 1 目加 1 針短針，共加 3 針。

第 3 層（9 目）：本層皆勾短針，第 2 目、第 4 目、第 6 目各加 1 短針（1 目不加針、1 目加 1 針短針），共加 3 針。

第 4 層（6 目）：本層皆勾短針，第 2、3 目併 1 針短針，第 5、6 目併 1 針短針，第 8、9 目併 1 針短針，共減 3 針。

第 5 層（12 目）：每 1 目加 1 針短針，共加 6 針。

第 6 層（24 目）：每 1 目加 1 針短針，共加 12 針。

第 7 層（24 目）：勾 24 針短針。

第 8 層（24 目）：勾 24 針短針。

第 9 層（12 目）：本層皆勾短針，第 1、2 目併 1 針短針，第 3、4 目併 1 針短針……，第 23、24 目併 1 針短針，共減 12 針。

第 10 層（24 目）：本層皆勾短針，每 1 目加 1 針短針，共加 12 針。

第 11 層（48 目）：本層皆勾短針，每 1 目加 1 針短針，共加 24 針。

第 12 層（48 目）：勾 48 針短針。

第 13 層（48 目）：勾 48 針短針。

第 14 層（48 目）：勾 48 針短針。

第 15 層（24 目）：本層皆勾短針，第 1、2 目併 1 針短針，第 3、4 目併 1 針短針……，第 47、48 目併 1 針短針，共減 24 針。

第 16 層（48 目）：本層皆勾短針，每 1 目加 1 針短針，共加 24 針。

第 17 層（72 目）：1 目不加針、1 目加 1 針短針，共加 24 針。

第 18 層（72 目）：勾 72 針短針。

第 19 層（72 目）：勾 72 針短針。

第 20 層（72 目）：勾 72 針短針。（本層結束迴轉）

第 21 層（66 目）：螺身開岔處，反面以環繞針法開始減針。第 2、3 目併 1 針短針，第 14、15 目併 1 針短針……，第 26、27 目併 1 針短針，第 38、39 目併 1 針短針，第 50、51 目併 1 針短針，第 62、63 目併 1 針短針，本層共減 6 針，每 10 目併 1 針短針。

第 22 層（66 目）：逆轉針正面不減針，勾 66 針短針。

第 23 層（60 目）：反面以逆轉針法開始減針。第 2、3 目併 1 針短針，第 13、14 目併 1 針短針……，第 24、25 目併 1 針短針，第 35、36 目併 1 針短針，第 46、47 目併 1 針短針，第 57、58 目併 1 針短針，本層共減 6 針，每 9 目併 1 針短針。

第 24 層（60 目）：逆轉針正面不減針，勾 60 針短針。

第 25 層（54 目）：反面以逆轉針法開始減針，每 8 目併 1 針短針。

第 26 層（54 目）：逆轉針正面不減針，勾 54 針短針。

第 27 層（54 目）：逆轉針正面不減針，勾 54 針短針。

第 28 層（54 目）：逆轉針正面不減針，勾 54 針短針。

第 29 層（54 目）：逆轉針正面不減針，勾 54 針短針。

第 30 層（54 目）：逆轉針正面不減針，勾 54 針短針。

第 31 層（54 目）：逆轉針正面不減針，勾 54 針短針。

第 32 層（54 目）：逆轉針正面不減針，勾 54 針短針。

第 33 層（54 目）：逆轉針正面不減針，勾 54 針短針。

第 34 層（54 目）：逆轉針正面不減針，勾 54 針短針。

第 35 層（54 目）：逆轉針正面不減針，勾 54 針短針。

第 36 層（54 目）：逆轉針正面不減針，勾 54 針短針。

第 37 層（54 目）：逆轉針正面不減針，勾 54 針短針。

第 38 層（54 目）：逆轉針正面不減針，勾 54 針短針。

第39層（12目）：反面以逆轉針法開始減針。第2、3目併1針短針，第5、6目併1針短針，第8、9目併1針短針，第11、12目併1針短針，第14、15目併1針短針，第17、18目併1針短針，本層共減6針，每2目併1針短針。

第40層（12目）：逆轉針正面不減針，勾12針短針。

第41層（7目）：反面以逆轉針法開始減針，第2、3目併1針短針，第4、5目併1針短針，6、7目併1針短針，第8、9目併1針短針，第10、11目併1針短針，共減5針，每目併1針短針。

第42層（7目）：逆轉針正面不減針，勾7針短針。

第43層（4目）：反面以逆轉針法開始減針，第2、3目併1針短針，第4、5目併1針短針，第6、7目併1針短針，共減3針，每目併1針短針。

第44層（4目）：逆轉針正面不減針，勾4針短針。

軟絲

軟絲在海中有如飛行的宇宙戰艦，有很多相似的親戚，常會讓人在餐桌上搞不清楚誰是誰。身體呈橢圓形，鰭較寬也較長，本名叫作萊式擬烏賊，也就是說最像花枝（又名烏賊），其差別是花枝體內有白色碳酸鈣硬殼，而軟絲則跟小卷、鎖管一樣，有透明的海螵蛸。

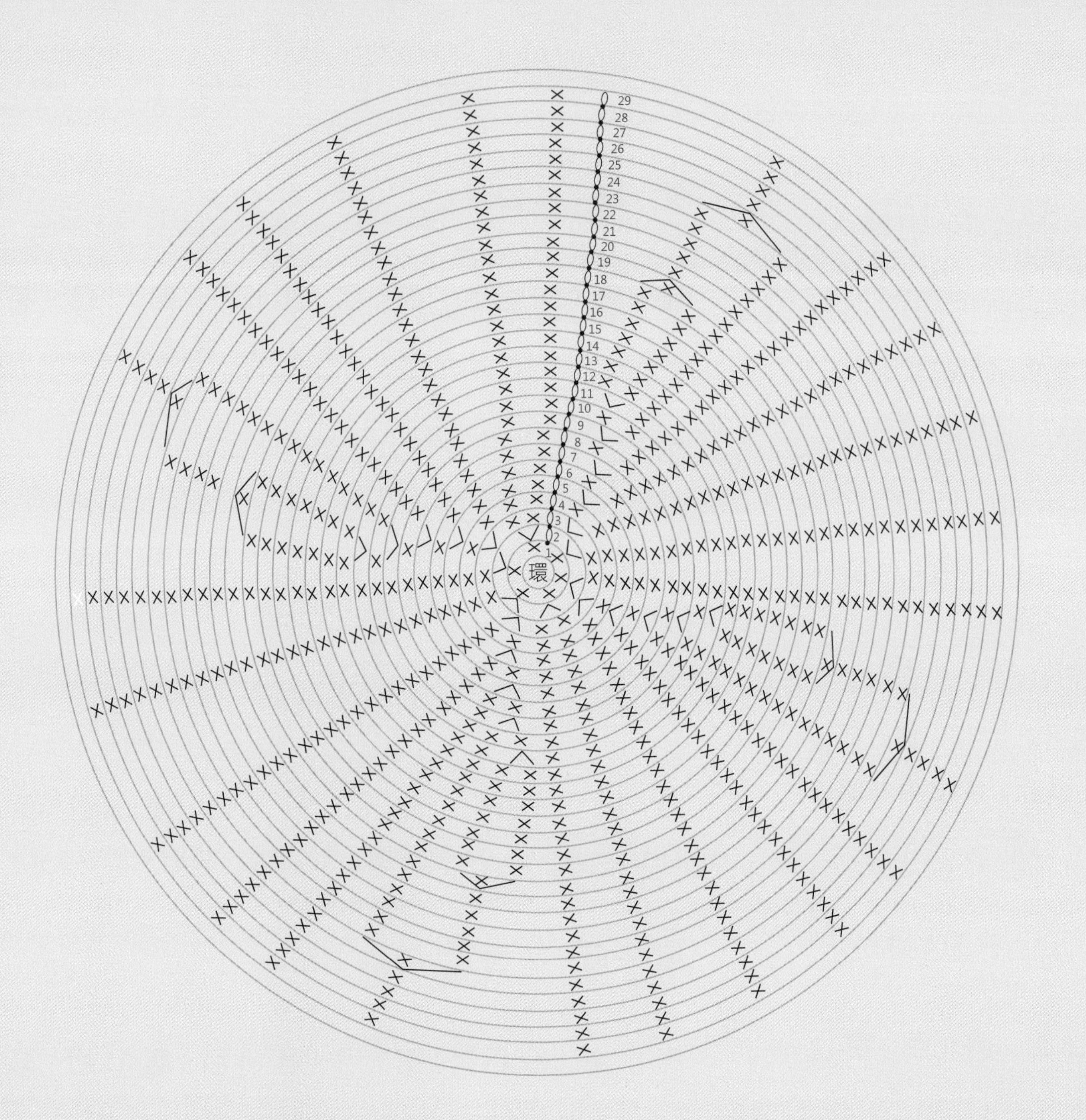

圖例

- ○ 鎖針
- ● 引拔針
- × 短針
- V 加針
- 2針併一針短針

身體

環狀起針。

第 1 層（6 目）：環狀起針後勾 6 針短針，續以引拔針圈起再勾 1 針鎖針，往後每一層首針皆加 1 針鎖針（立針）。

第 2 層（12 目）：每目加 1 針短針，共加 6 針。

第 3 層（16 目）：第 3 目、第 6 目、第 9 目、第 12 目各加 1 針短針，共加 4 針。

第 4 層（16 目）：勾 16 針短針。

第 5 層（20 目）：第 4 目、第 8 目、第 12 目、第 16 目各加 1 針短針，共加 4 針。

第 6 層（20 目）：勾 20 針短針。

第 7 層（24 目）：第 5 目、第 10 目、第 15 目、第 20 目各加 1 針短針，共加 4 針。

第 8 層（24 目）：勾 24 針短針。

第 9 層（28 目）：第 6 目、第 12 目、第 18 目、第 24 目各加 1 針短針，共加 4 針。

第 10 層（28 目）：勾 28 針短針。

第 11 層（32 目）：第 7 目、第 14 目、第 21 目、第

28 目各加 1 針短針，共加 4 針。

第 12 層（32 目）：勾 32 針短針。

第 13 層（32 目）：勾 32 針短針。

第 14 層（32 目）：勾 32 針短針。

第 15 層（32 目）：勾 32 針短針。

第 16 層（32 目）：勾 32 針短針。

第 17 層（32 目）：勾 32 針短針。

第 18 層（32 目）：勾 32 針短針。

第 19 層（28 目）：第 7-8 目、第 15-16 目、第 23-24 目、第 31-32 目兩針併 1 針，共減 4 針。

第 20 層（28 目）：勾 28 針短針。

第 21 層（28 目）：勾 28 針短針。

第 22 層（28 目）：勾 28 針短針。

第 23 層（28 目）：勾 28 針短針。

第 24 層（28 目）：勾 28 針短針。

第 25 層（24 目）：第 6-7 目、第 13-14 目、第 20-21 目、第 27-28 目兩針併 1 針，共減 4 針。

第 26 層（24 目）：勾 24 針短針。

第 27 層（24 目）：勾 24 針短針。

第 28 層（24 目）：勾 24 針短針。

第 29 層（24 目）：勾 24 針短針。

接下來先製作翅膀，再將軟絲身體完成。

翅膀

從第 29 層開始做翅膀挑針，左右側各挑 28 針，共 56 目。（單側針數，左右相同）

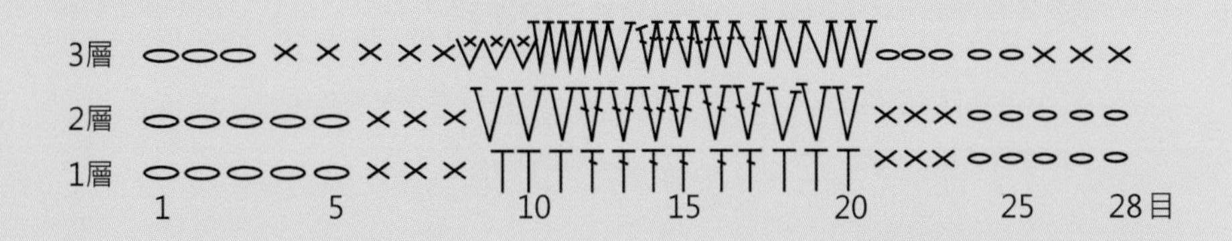

第 1 層（28 目）：勾 5 針鎖針、3 針短針、3 針半長針、6 針長針、3 針半長針、3 針短針、5 針鎖針。

第 2 層（40 目）：勾 5 針鎖針、3 針短針，第 9-11 目每目勾 2 針半長針，第 12-17 目每目勾 2 針長針，第 18-20 目每目勾 2 針半長針，最後勾 3 針短針、5 針鎖針，共加 12 針。

第 3 層（64 目）：勾 3 針鎖針、5 針短針，第 9-11 目每目勾 2 針短針，第 12-17 目每目勾 2 針半長針，第 18-23 目每目勾 2 針長針，第 24-29 目每目勾 2 針半長針，第 30-32 目每目勾 2 針短針，最後勾 5 針短針、3 針鎖針，共加 24 針。

（軟絲身體）第 30 層：以逆時針（反織）方向織短針滾邊，最後以引拔針完成軟絲身體。

軟絲頭

身體塞填充物，由內側挑 20 針。

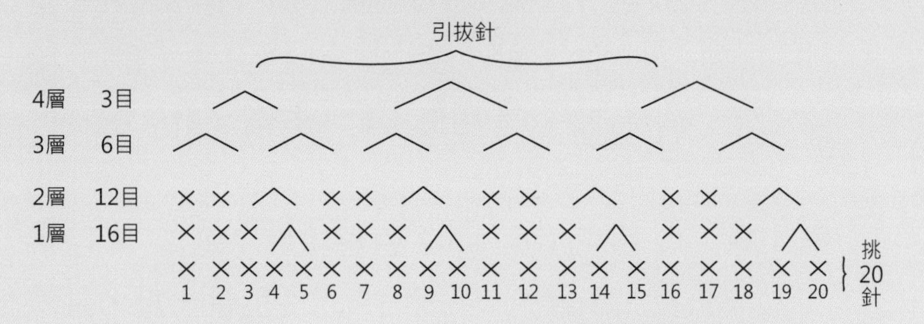

第 1 層（16 目）：挑 20 針後，第 4、5 目併 1 針，第 9、10 目併 1 針，第 14、15 目併 1 針，共減 6 針。

第 2 層（12 目）：第 3、4 目併 1 針，第 7、8 目併 1 針，第 11、12 目併 1 針，第 15、16 目併 1 針，共減 4 針。

第 3 層（6 目）：第 1、2 目併 1 針，第 3、4 目併 1 針，第 5、6 目併 1 針……，第 11、12 目併 1 針，共減 6 針。

第 4 層（3 目）：第 1、2 目併 1 針，第 3、4 目併 1 針，最後 3 針引拔圈起，共減 3 針。

由外側挑 12 針。

20層 10目

3層 20目

2層 24目

1層 16目

1 2 3 4 5 6 7 8 9 10 11 12

挑12針

第2層開始排針

第 1 層（24 目）：從軟絲頭第 2 層開始挑 12 針後，每一目各加 1 針短針，共加 12 針。

第 2 層（24 目）：勾 24 針短針。

第 3 層（20 目）：第 5、6 目併一針，第 11、12 目併 1 針，第 17、18 目併 1 針，第 23、24 目併 1 針，共減 4 針。

第 4 層（10 目）：第 1、2 目併 1 針，第 3、4 目併 1 針……，第 19、20 目併 1 針，共減 10 針。勾完此層截線。

腕

一隻軟絲共有 10 隻腕。
（最長的 2 隻稱為觸腕，其餘 8 隻短的稱為腕）
織觸腕時先確認軟絲的背部、腹部。以腹部朝上，由中線左側編號 1 短的腕開始織，順時針勾織，共需織 10 隻腕。

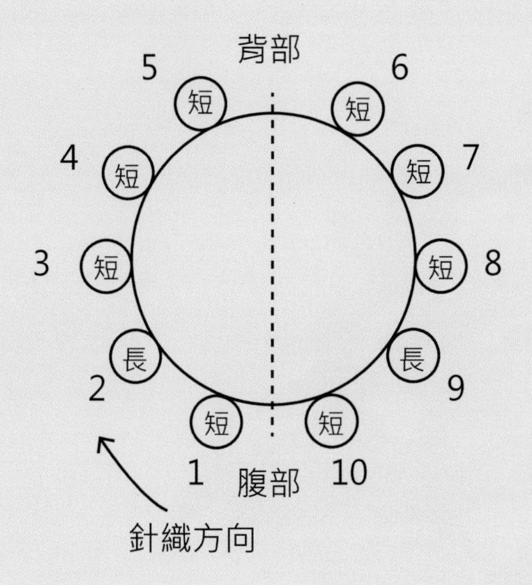

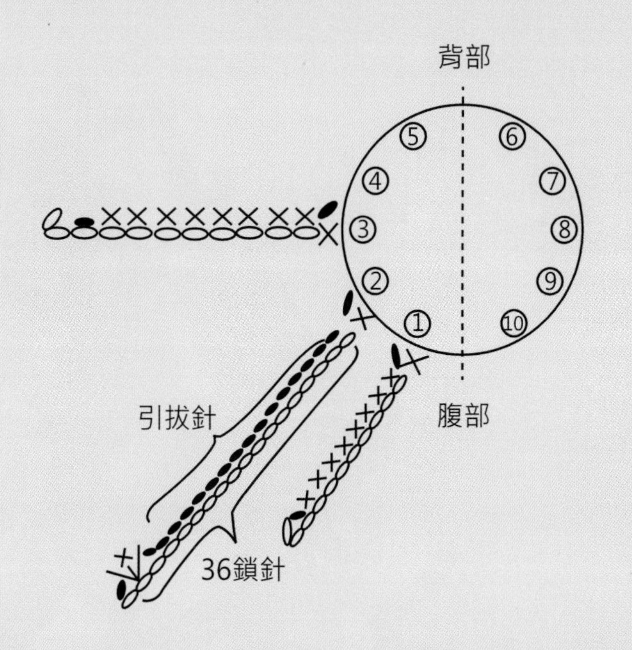

軟絲頭最後剩 10 目，每目勾 1 隻觸腕。

觸腕 2 隻（長）：先勾 1 針短針、36 針鎖針，續以引拔針回織於第 2 目勾 3 針短針，並以引拔針回織連結軟絲頭。

腕 8 隻（短）：先勾 1 針短針、10-12 針鎖針，續以引拔針回織於第 3 目勾短針回織，最後引拔針連結軟絲頭。

棘穗軟珊瑚

生長在珊瑚礁海域，但體內沒有共生藻，所以能夠分布至較深的水域，透過強勁的海流所帶來的浮游生物獲得養分。一株一株的棘穗軟珊瑚在海中有如彩色的小樹般，半透明的組織內可以明顯看到形狀美麗的骨針。

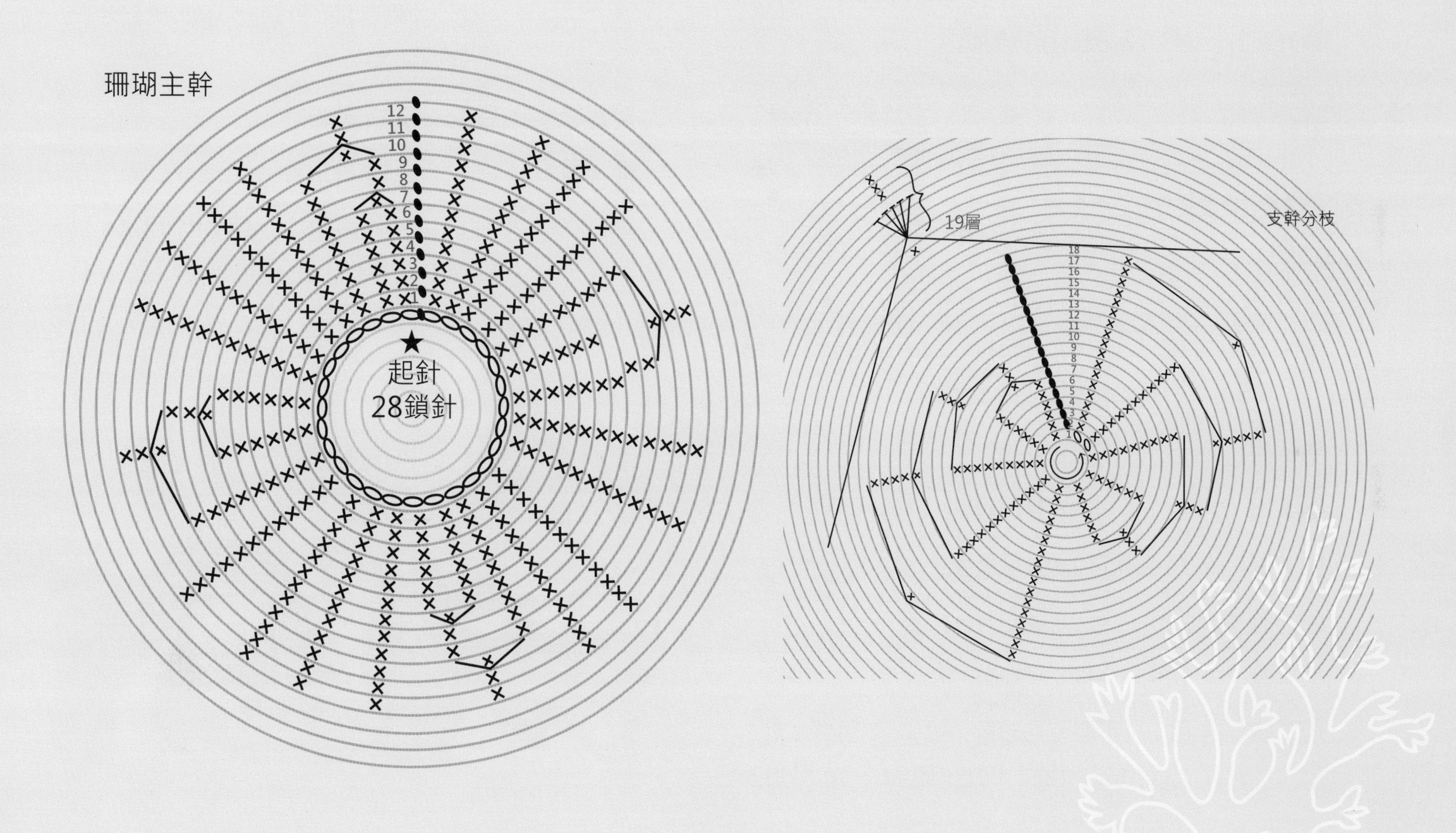
珊瑚主幹
12
11
10
9
8
7
6
5
4
3
2
1
起針
28鎖針
19層
支幹分枝
18
17
16
15
14
13
12
11
10
9
8
7
6
5
4
3
2
1

主幹

鎖針起針：起 28 針鎖針引拔圈起。

樹狀珊瑚
* 主幹

引拔針與第1針
鎖針圈成一圓

28針鎖

起針
→

第 1 層（28 目）：勾 28 針短針。每層結束勾 1 針引拔針圈起，以下皆同。

第 2 層（28 目）：勾 28 針短針。

第 3 層（28 目）：勾 28 針短針。

第 4 層（28 目）：勾 28 針短針。

第 5 層（28 目）：勾 28 針短針。

第 6 層（28 目）：勾 28 針短針。

第 7 層（24 目）：本層皆勾短針，第 1、2 目併 1 針，第 8、9 目併 1 針，第 15、16 目併 1 針……，第 22、23 目併 1 針，共減 4 針。（兩針併 1 針短針，續勾 5 針短針，連做 4 次）

第 8 層（24 目）：勾 24 針短針。

第 9 層（24 目）：勾 24 針短針。

第 10 層（20 目）：本層皆勾短針，第 1、2 目併 1 針，第 7、8 目併 1 針，第 13、14 目併 1 針，第 19、20 目併 1 針，共減 4 針。（兩針併 1 針短針，續勾 4 針短針，連做 4 次）

第 11 層（20 目）：勾短針 20 針。

第 12 層（20 目）：勾短針 20 針。

分枝

（計算：以主幹 20 目之 1/2 針數 =10）

以主幹20目之1/2針數計算

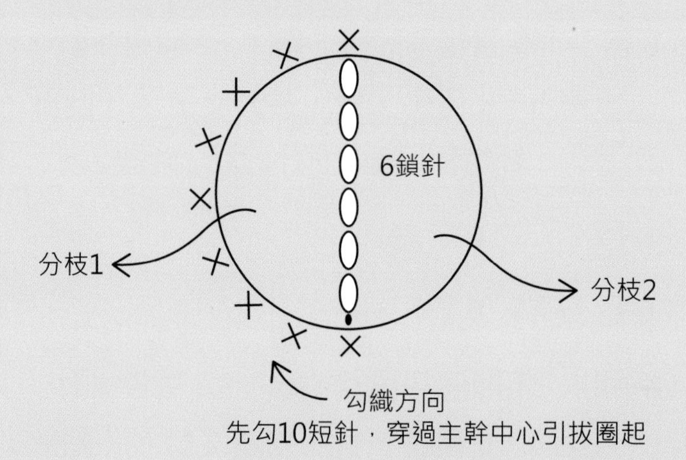

先勾10短針，穿過主幹中心引拔圈起

分支 ① ② 各有16目，每層皆勾短針16針，引拔針結束，共織6層

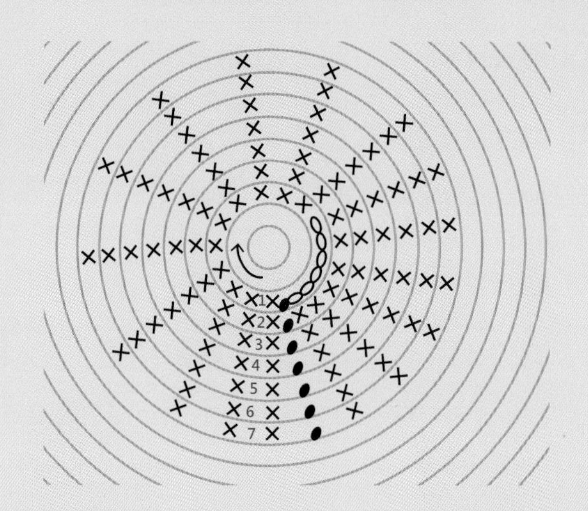

樹狀珊瑚
分枝勾圖

第 1 層（16 目）：延續主幹先勾 10 針短針，續勾 6 針鎖針穿過主幹中心引拔圈起。

第 2 層（16 目）：勾 16 針短針。每層結束勾 1 針引拔針圈起，以下皆同。

第 3 層（16 目）：勾 16 針短針。

第 4 層（16 目）：勾 16 針短針。

第 5 層（16 目）：勾 16 針短針。

第 6 層（16 目）：勾 16 針短針。

第 7 層（16 目）：勾 16 針短針。

支幹分枝

（計算：以支幹 16 目之 1/2 針數 =8）

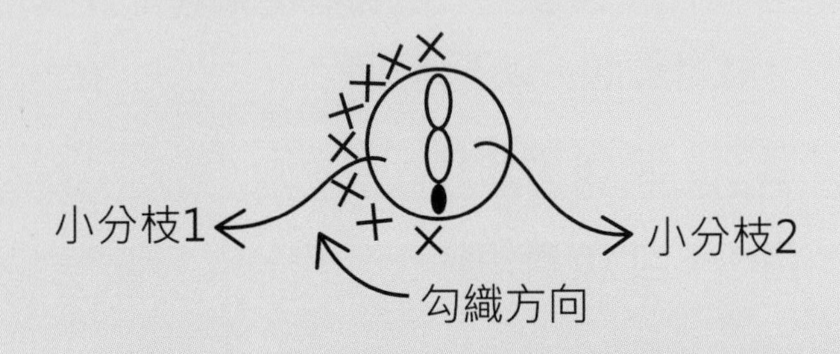

第 1 層（10 目）：延續支幹先勾 8 針短針，續勾 2 針鎖針穿過支幹中心引拔圈起。

第 2 層（10 目）：勾 10 針短針。每層結束勾 1 針引拔針圈起，以下皆同。

第 3 層（10 目）：勾 10 針短針。

第 4 層（10 目）：勾 10 針短針。

第 5 層（10 目）：勾 10 針短針。

第 6 層（10 目）：勾 10 針短針。

第 7 層（8 目）：本層皆勾短針，第 1、2 目併 1 針，第 6、7 目併 1 針，共減 2 針。（兩針併 1 針短針，續勾 3 針短針，共做 2 次）

第 8 層（8 目）：勾 8 針短針。

第 9 層（8 目）：勾 8 針短針。

第 10 層（6 目）：本層皆勾短針，第 1、2 目併 1 針，第 5、6 目併 1 針，共減 2 針。（兩針併 1 針短針，續勾 2 針短針，共做 2 次）

第 11 層（6 目）：勾 6 針短針。

第 12 層（6 目）：勾 6 針短針。

第 13 層（4 目）：本層皆勾短針，第 1、2 目併 1 針，第 4、5 目併 1 針，共減 2 針。（兩針併 1 針短針，續勾 1 短針，共做 2 次）

第 14 層（4 目）：勾 4 針短針。

第 15 層（4 目）：勾 4 針短針。

第 16 層（4 目）：勾 4 針短針。

第 17 層（4 目）：勾 4 針短針。

第 18 層（2 目）：本層皆勾短針，第 1、2 目併 1 針，第 3、4 目併 1 針，共減 2 針。

第 19 層（2 目）：兩針併 1 針。續勾 5 針中長針、3 針短針。

V 字形小枝

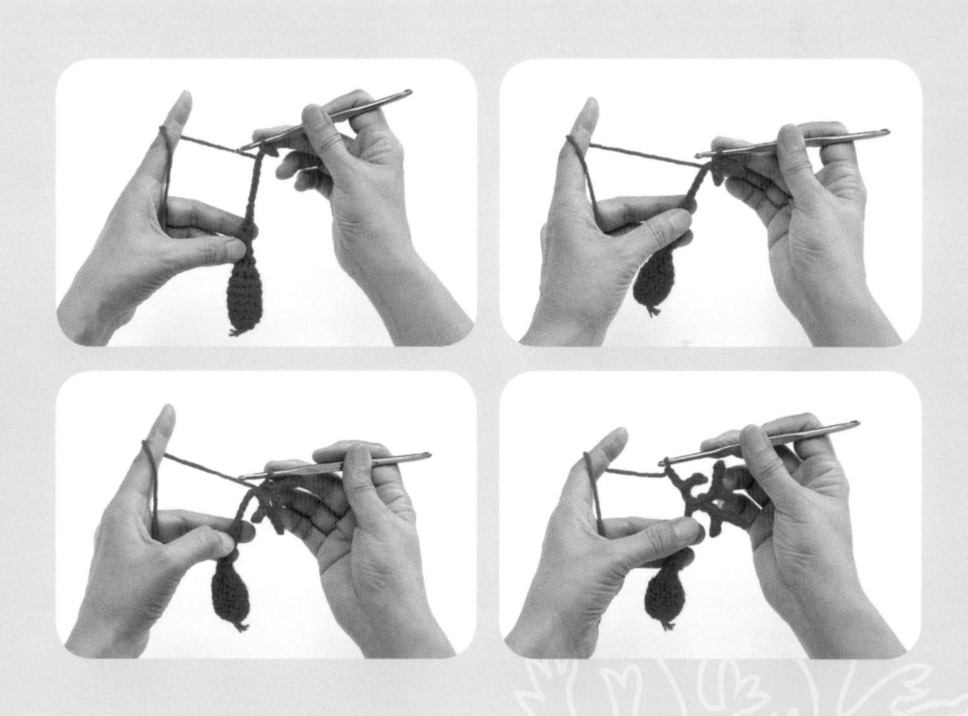

1. 粗細小枝，從枝幹半長針，短針開始發展。
2. 每個 V 字形小枝起 5 針鎖針，回織引拔 3 針，再織鎖針 3 針引拔 2 針，形成 V 字形小枝。
3. 將 V 字形小枝密度發展到自己想要的形狀，引拔在枝幹上截線完成作品。

小丑魚

色彩鮮艷的珊瑚礁魚類，家族生活在一起並與海葵互利共生是其特殊習性，外型可愛但是領域性很強，會驅趕外來的魚類。母魚會將卵產在礁石上方，公魚則會有護卵的行為。

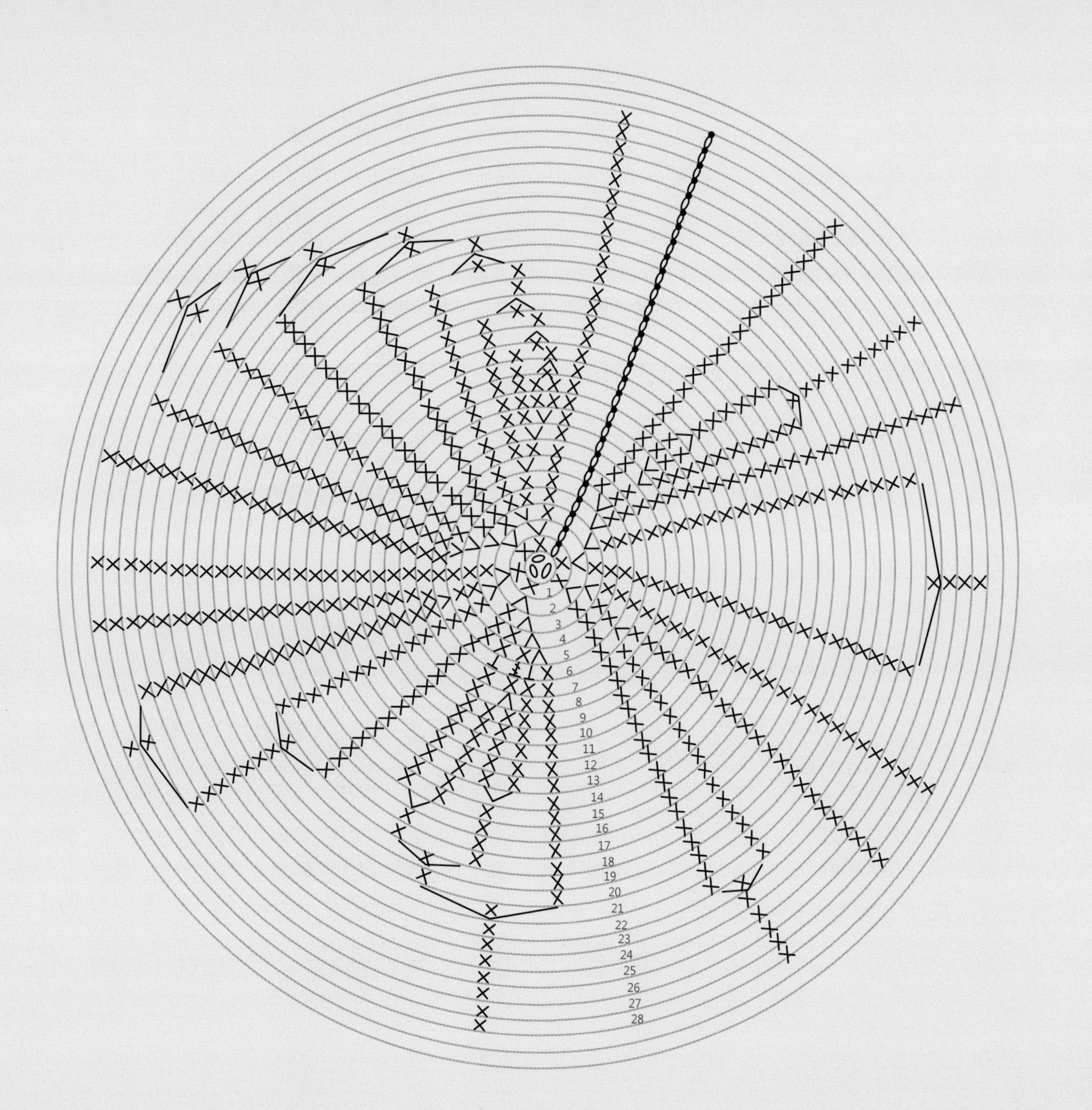

圖例

- ○ 鎖針
- × 短針
- ● 引拔針
- V 中長針
- Ŧ 長長針
- ∨ 加針
- ∧ 2針併一針

魚身

橘色線起 3 鎖針圍圈。

每層首針加 1 針鎖針（立針）。

第 1 層（6 目）：在圓圈內勾 6 針短針，最後引拔針圈起（以下皆同）。

第 2 層（12 目）：本層皆勾短針；每一目加 1 針短針，共加 6 針。

第 3 層（18 目）：本層皆勾短針，第 2 目、第 4 目、第 6 目……、第 12 目各加 1 針短針（1 目不加針，1 目加 1 針短針），共加 6 針。

第 4 層（21 目）：本層皆勾短針，第 6 目、第 12 目、第 18 目各加 1 針短針，共加 3 針。

第 5 層（24 目）：勾 6 針短針，第 7 目加 1 針短針，第 14 目加 1 針短針，第 21 目加 1 針短針，共加 3 針。

第 6 層（27 目）：第 2 目加 1 針短針，第 10 目加 1 針短針，第 13 目勾中長針，第 14 目勾長長針，第 15 目勾中長針，第 18 目加 1 針短針，共加 3 針。

第 7 層（27 目）：換黑色線，勾 27 針短針。

第 8 層（30 目）：換白色線，皆勾短針，於第 2 目加 1 針短針，第 16 目加 1 針短針，第 26 目加 1 針短針，共加 3 針。

第 9 層（32 目）：本層皆勾短針，第 2 目加 1 針短針，第 29 目加 1 針短針，共加 2 針。

第 10 層（32 目）：換黑色線，勾 32 針短針。

第 11 層（32 目）：換橘色線，勾 32 針短針。

第 12 層（30 目）：本層皆勾短針，第 2-3 目併 1 針，第 30-31 目併 1 針，共減 2 針。

第 13 層（30 目）：勾 30 針短針。

第 14 層（28 目）：本層皆勾短針，第 2-3 目併 1 針，第 18-19 目併 1 針，共減 2 針。

第 15 層（28 目）：勾 28 針短針。

第 16 層（26 目）：換黑色線，本層皆勾短針，第 2-3 目併 1 針，第 15-16 目併 1 針，共減 2 針。

第 17 層（26 目）：換白色線，勾 26 針短針。

第 18 層（26 目）：勾 26 針短針。

第 19 層（22 目）：換黑色線，本層皆勾短針，第 2-3 目併 1 針，第 12-13 目併 1 針，第 14-15 目併 1 針，第 24-25 目併 1 針，共減 4 針。

第 20 層（22 目）：換橘色線，勾 22 針短針。

第 21 層（20 目）：本層皆勾短針，第 2-3 目併 1 針，第 12-13 目併 1 針，共減 2 針。

第 22 層（20 目）：勾 20 針短針。

第 23 層（18 目）：本層皆勾短針，第 2-3 目併 1 針，
第 12-13 目併 1 針，共減 2 針。

第 24 層（18 目）：勾 18 針短針。

第 25 層（16 目）：換黑色線，本層皆勾短針，第 2-3 目併 1 針，第 14-15 目併 1 針，共減 2 針。

第 26 層（16 目）：換白色線，勾 16 針短針。

第 27 層（14 目）：換黑色線，本層皆勾短針，第 2-3 目併 1 針，第 7-8 目併 1 針，共減 2 針。

第 28 層（14 目）：換橘色線，勾 14 針短針。

魚身完成，塞棉花。

魚鰭以挑針法用橘色線勾。

尾鰭

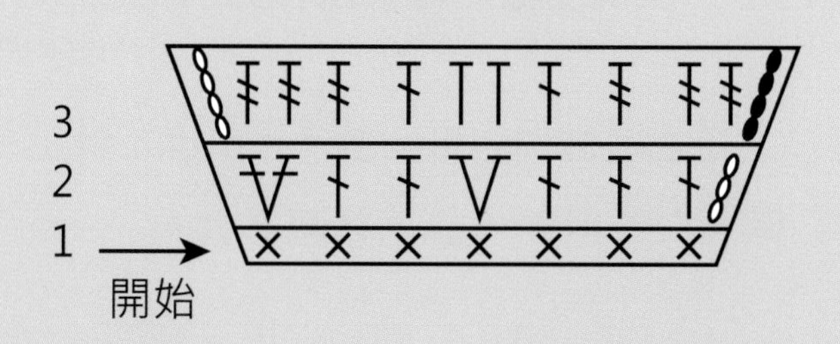

第 1 層（7 目）：魚身完成剩 14 目對齊，一目對一目勾 7 針短針，剩 7 目。

第 2 層（10 目）：第 1 目勾 3 針鎖針、1 針長針，第 2 目勾 1 針長針，第 3 目勾 1 針長針，第 4 目勾 2 針中長針，第 5 目勾

1 針長針，第 6 目勾 1 針長針，第 7 目勾 2 針長針，共加 3 針。

第 3 層（12 目）：第 1 目勾 4 針鎖針、1 針長長針，第 2 目勾 1 針長長針，第 3 目勾 1 針長長針，第 4 目勾 1 針長針，第 5 目勾 1 針中長針，第 6 目勾 1 針中長針，第 7 目勾 1 針長針，第 8 目勾 1 針長長針，第 9 目勾 1 針長長針，第 10 目勾 1 針長長針、4 針鎖針引拔，共加 2 針。

背鰭

在魚背部靠近尾巴第 24 層橘色線開始挑 12 針。

第 1 目勾 2 針鎖針，第 2 目勾 1 針中長針，第 3 目勾 2 針長針，第 4 目勾 2 針長長針，第 5 目勾 1 針長長針，第 6 目勾 1 針長長針，第 7 目勾 1 針長針，第 8 目勾 1 針中長針，第 9 目勾 1 針長針，第 10 目勾 1 針長針、第 11 目勾 2 針長針，第 12 目勾 2 針中長針，剩 16 目。

1 2 3 4 5 6 7 8 9 10 11 12 目

臀鰭

在魚臀部靠近尾巴第 24 層橘色線開始挑 4 針。

第 1 目勾 4 針鎖針，第 2 目勾 1 針長長針，第 3 目勾 2 針長針，第 4 目勾 2 針中長針，剩 6 目。

1　2　3　4 目

腹鰭 2 片

在魚胸部上一點第 14 層橘色線開始挑 4 針。（左右各一片）

第 1 目勾 3 針鎖針、1 針長針，第 2 目勾 2 針中長針，第 3 目勾 2 針長長針，第 4 目勾 1 針長長針、3 針鎖針，剩 12 目。

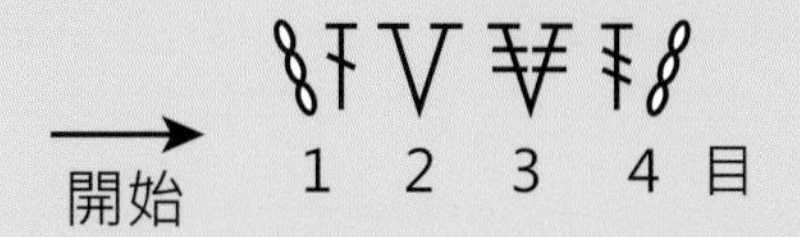

胸鰭 2 片

在魚胸部上一點第 11 層橘色線開始挑 3 針。（左右各一片）

第 1 層（6 目）：挑 3 針。第 1 目勾 3 針鎖針、1 針長針，第 2 目勾 2 針長針，第 3 目勾 2 針長針，剩 6 目。

第 2 層（9 目）：第 1 目勾 3 針鎖針、2 針長針，第 2 目勾 1 針長長針，第 3 目勾 1 針長長針，第 4 目勾 1 針長長針，第 5 目勾 2 針長針，第 6 目勾 3 針鎖針，剩 9 目。

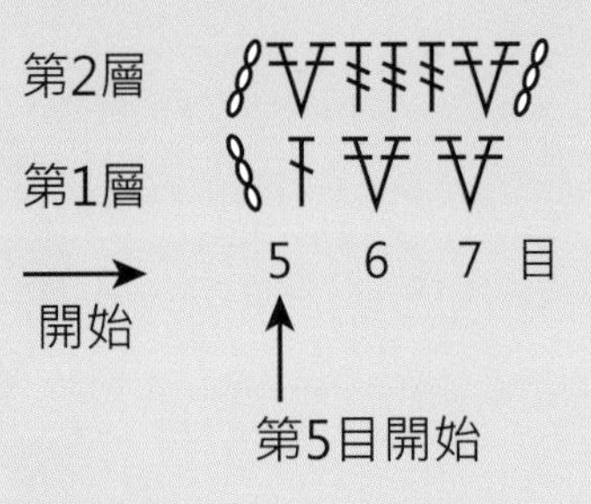

小丑魚
帽子

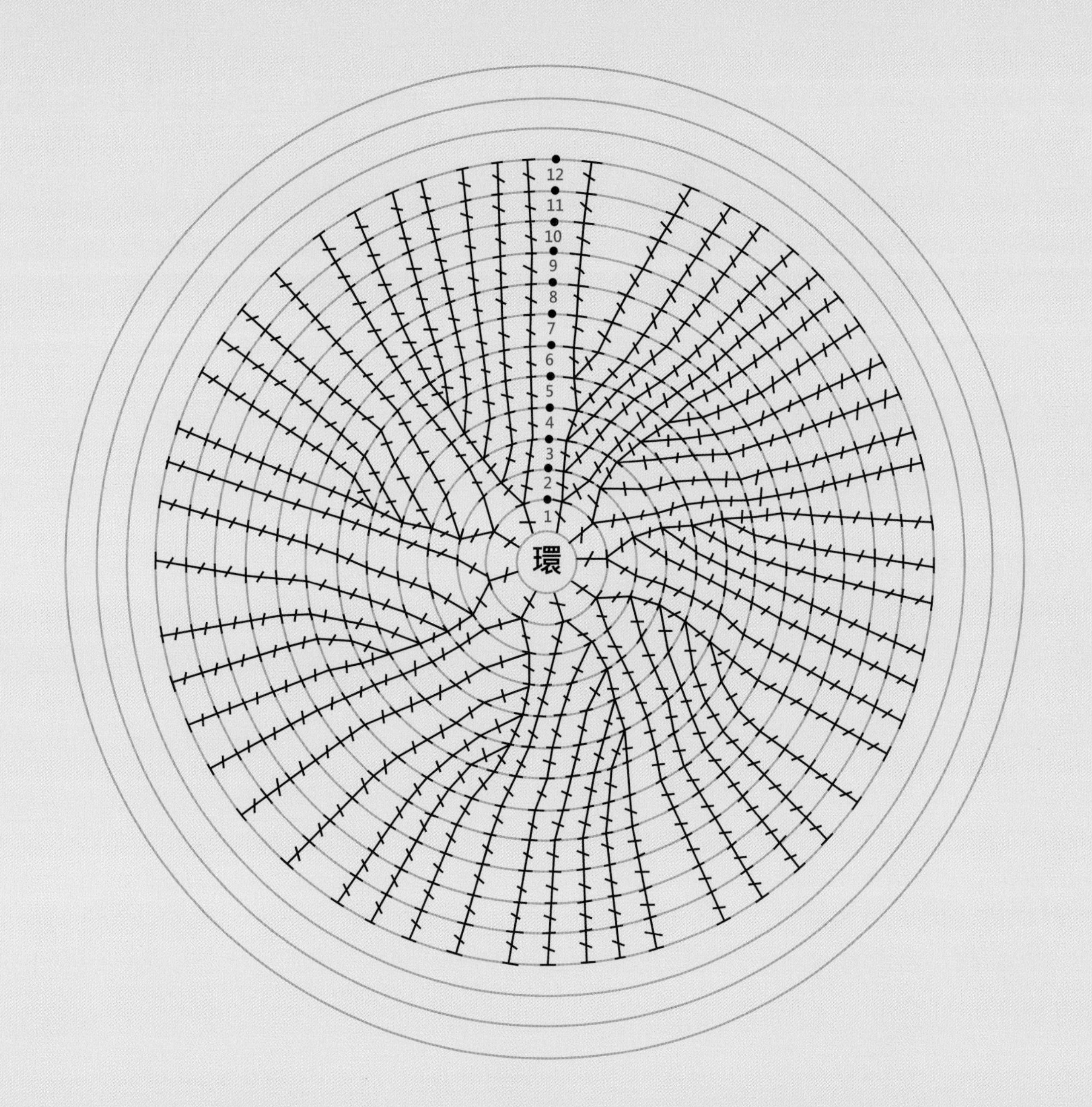

圖例

- 環狀起針
- ○ 鎖針
- Ŧ 長針
- ● 引拔針
- V 每回加一針長針
- T 中長針
- X 短針
- ∨ 短針加針

帽身

黃色毛線環狀起針。

第 1 層（9 目）：環狀起針後勾 9 針長針。（以引拔針圈起）

第 2 層（18 目）：本層皆勾長針、每一目都加一針長針，共加 9 針。

第 3 層（27 目）：每兩目加一針長針（第 2 目、第 4 目……各加一針長針），共加 9 針。

第 4 層（36 目）：每三目加一針長針（第 3 目、第 6 目、第 9 目、第 12 目……各加一針長針），共加 9 針。

第 5 層（45 目）：每四目加一針長針（第 4 目、第 8 目、第 12 目、第 16 目……各加一針長針），共加 9 針。

第 6 層（54 目）：每五目加一針長針（第 5 目、第 10 目、第 15 目、第 20 目……各加一針長針），共加 9 針。

第 7 層（54 目）：勾 54 針長針。

第 8 層（54 目）：勾 54 針長針。

第 9 層（54 目）：勾 54 針長針。

第 10 層（54 目）：勾 54 針長針。

第 11 層（54 目）：勾 54 針長針。

第 12 層（54 目）：勾 54 針長針。

耳罩 2 片

延續帽身第 12 層（54 目）開始，左右各一片。

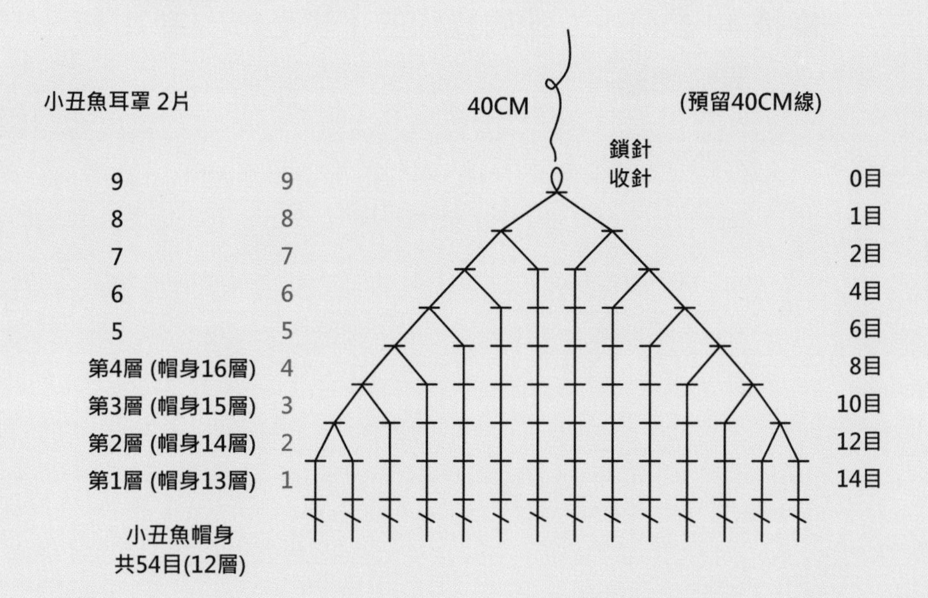

第 1 層（帽身第 13 層，14 目）：勾 14 針中長針，逆轉針返回續勾第 2 層。

第 2 層（帽身第 14 層，12 目）：第 1、2 目併一針中長針，第 13、14 目併一針中長針，共減 2 針。

第 3 層（帽身第 15 層，10 目）：第 1、2 目併一針中長針，第 11、12 目併一針中長針，共減 2 針。

第 4 層（帽身第 16 層，8 目）：第 1、2 目併一針中長針，第 9、10 目併一針中長針，共減 2 針。

第 5 層（帽身第 17 層，6 目）：第 1、2 目併一針中長針，第 7、8 目併一針中長針，共減 2 針。

第 6 層（帽身第 18 層，4 目）：第 1、2 目併一針中長針，第 5、6 目併一針中長針，共減 2 針。

第 7 層（帽身第 19 層，2 目）：第 1、2 目併一針中長針，第 3、4 目併一針中長針，共減 2 針。

第 8 層（帽身第 20 層，1 目）：第 1、2 目併一針中長針，共減 1 針。

收針，留約 40 公分毛線。

耳罩辮子

另備 7 條 80 公分黃色毛線，將毛線對折（14 條，每條長 40 公分），連同預留的 1 條毛線，共 15 條，分 3 等分編辮子。

條紋 2 條

以白色線鎖針起針 50 針。

第 1 層（白色線，50 目）：勾 50 針長針後引拔。

第 2 層（黑色線，50 目）：勾 50 針短針後引拔。

眼罩 2 片

黑色線環狀起針。

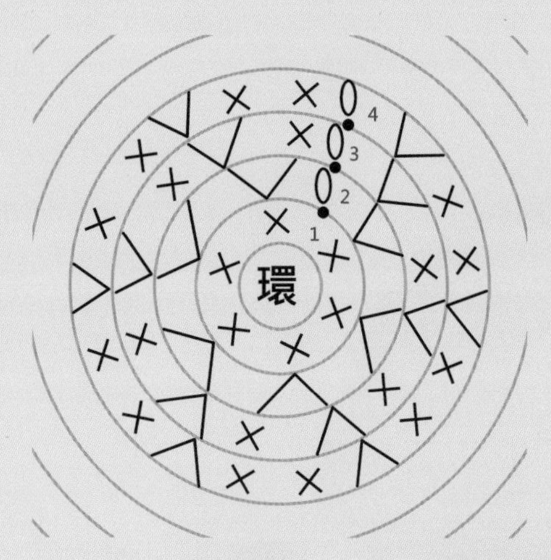

第 1 層（黑色線，6 目）：環狀起針後勾 6 針短針。（續以引拔針圈起，續勾 1 鎖針）

第 2 層（黃色線，12 目）：每一目都加一針短針，共加 6 針。

第 3 層（白色線，8 目）：每兩目加一針短針（第 2 目、第 4 目……加一針短針），共加 6 針。

第 4 層（白色線，24 目）：每三目加一針短針（第 3 目、第 6 目……各加一針短針），共加 6 針。

頭鰭

黃色線環狀起針。

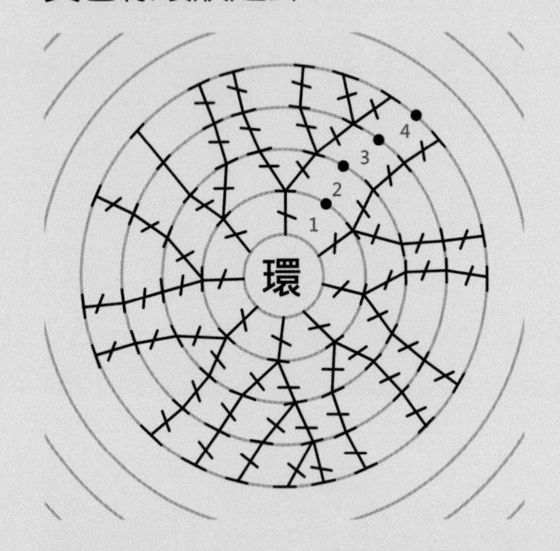

第 1 層（8 目）：環狀起針後勾 8 針長針。

第 2 層（16 目）：每一目都加一針長針，共加 8 針。

第 3 層（18 目）：第 1 目、第 10 目各加 1 針長針，共加 2 針。

第 4 層（20 目）：第 1 目、第 12 目各加 1 針長針，共加 2 針。

最後以黑色毛線滾邊，完成頭鰭。

背鰭

黃色線環狀起針。

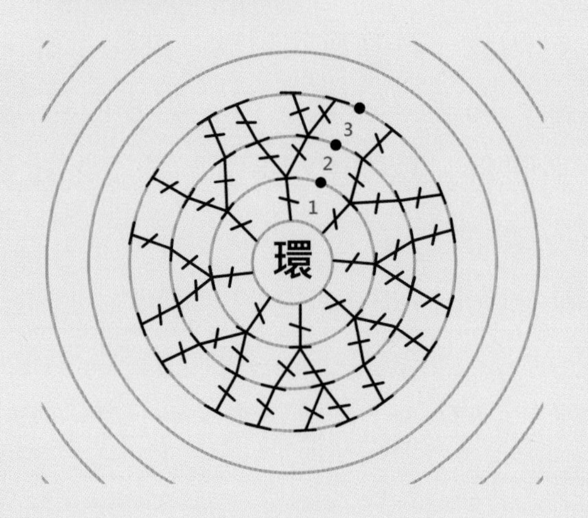

第 1 層（8 目）：環狀起針後勾 8 針長針，續以引拔針圈起。

第 2 層（16 目）：每一目都加一針長針，共加 8 針。

第 3 層（18 目）：第 1 目、第 10 目各加 1 針長針，共加 2 針。

最後以黑色毛線滾邊，完成背鰭。

尾鰭

黃色線鎖針起針 8 針。

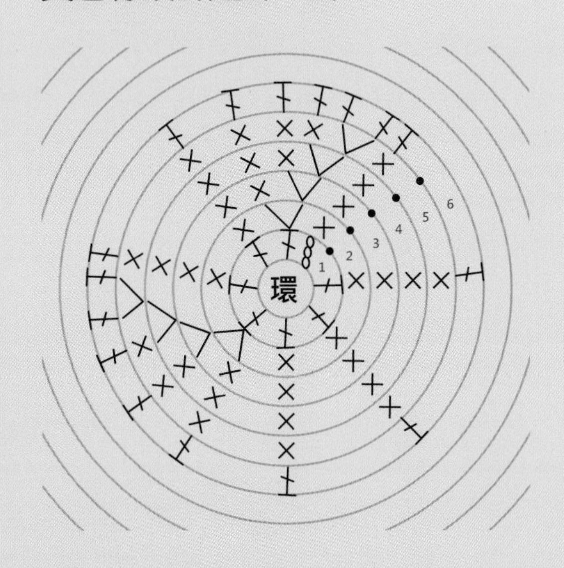

第 1 層（黃色線，8 目）：鎖針起針後續以引拔針圈起，續勾 3 鎖針、7 針長針。

第 2 層（黑色線，10 目）：第 2 目、第 5 目各加 1 針短針，其餘皆勾短針，共加 2 針。

第 3 層（白色線，12 目）：第 2 目、第 6 目各加 1 針長針，其餘皆勾長針，共加 2 針。

第 4 層（黑色線，14 目）：第 2 目、第 7 目各加 1 針短針，其餘皆勾短針，共加 2 針。

第 5 層（黃色線，16 目）：第 2 目、第 8 目各加 1 針長針，其餘皆勾長針，共加 2 針。

第 6 層（黃色線，16 目）：勾 16 針長針。

第 7 層（黑色線，8 目）：16 目對齊，一目對一目勾 8 針短針，剩 8 目。

胸鰭 2 片

黃色線環狀起針。

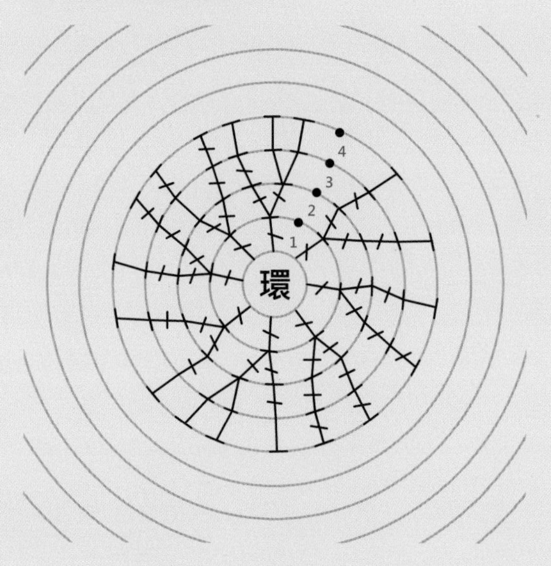

第 1 層（黃色線，8 目）：環狀起針後勾 8 針長針，續以引拔針圈起。

第 2 層（16 目）：每一目都加一針長針，共加 8 針。

第 3 層（18 目）：第 1 目、第 9 目各加一針中長針，其餘皆勾長針，共加 2 針。

第 4 層（18 目）：勾中長針 3 針、長針 3 針、中長針 6 針、長針 3 針、中長針 3 針。

第 5 層（黑色線，9 目）：18 目對齊，一目對一目勾 9 針短針，剩 9 目。

依序（頭鰭→眼罩→黑白條紋→尾鰭→背鰭→胸鰭）將上述織片縫合，小丑魚帽完成。

Chapter 5 珊瑚教案分享

活動介紹

時間分配：

解說 1 分鐘，活動 9 分鐘。

重點觀念：

了解「人為活動」、「氣候變遷」及「生物競爭」等三種因素對於珊瑚生存的影響。

設計理念：

大海中的珊瑚有各式各樣的顏色，這些顏色來自於珊瑚的共生藻，當珊瑚缺少共生藻時就會變白，稱為白化，如果白化太久珊瑚就會死亡。

珊瑚的生長受到許多海洋環境因子的限制，因此經常被當作是海洋環境的指標生物之一。珊瑚喜歡在日照充足、乾淨、水溫 20 ～ 28℃的海洋環境中生活，但此環境容易受到「人為活動」、「氣候變遷」及「生物競爭」等三種因素的影響而產生變化，導致珊瑚與共生藻的生長受到阻礙與衰退。因此，對珊瑚生長情形及數量的調查研究，將有助於海洋科學家了解珊瑚礁環境。

珊瑚大闖關的活動就是要以大富翁的遊戲方式，讓大家體會珊瑚生長在海洋環境中會受到三種因素的影響，期望學生在闖關之後能夠對海洋環境的保護有更深的體會。

所需器材（6 人份）：

闖關海報一張

共生藻計算卡

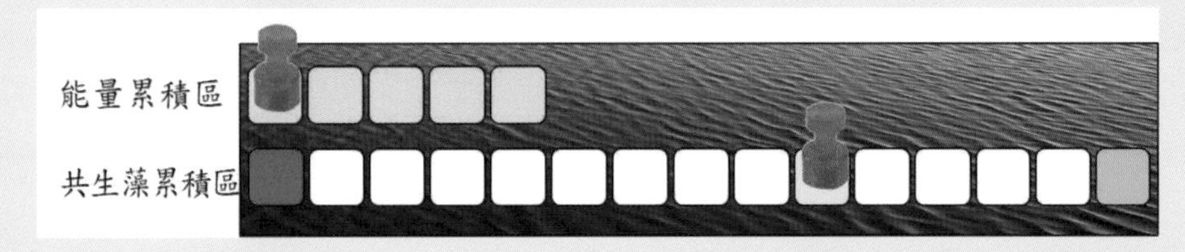

骰子：1 顆

磁鐵：每組 2 顆，共 6 組（不同顏色）

角色棋：6 個棋子（不同顏色）

命運卡牌：8 張

活動流程

1. 關主介紹珊瑚與共生藻的關係：共生藻是在珊瑚體內共生的藻類。

2. 每個人先認領一個角色棋，並將棋子置於起點處。

3. 每個人領取共生藻計算卡及兩個磁鐵，將共生藻計算卡拿在手上，並將磁鐵放置於能量累積區的第一格及黃色的共生藻位置上。

4. 每個人擲完骰子之後，所擲到的數字代表棋子走的步數。棋子到任何一個位置上時，棋子的主人必須念出站立位置的名稱（影響珊瑚生長的影響因子），並依據此一影響因子的效果，增加或減少共生藻數量。

5. 棋子通過特定點之後，可以抽命運卡牌；棋子剛好落在特定點上時，則不抽命運卡牌。如果底牌顏色與命運卡牌下面的底牌顏色相同，則受命運卡牌影響；如果底牌顏色與命運卡牌下面的底牌顏色不同，則不受命運卡牌效果影響。

6. 如果棋子落在「被漁網纏繞」或「遭遇海嘯」的位置上，則要將棋子移回珊瑚復育處，並在下一回合暫停一次。

7. 棋子通過起點後，可增加 10 個共生藻；如果棋子剛好落在起點上，則不增加 10 個共生藻。

8. 遊戲進行三輪後，統計小組成員的能量指示物，較多者獲勝。若同分就由雙方隊長再進行最後一輪遊戲，判斷分數高低。

問題討論：

Q1. 什麼樣的因素會對珊瑚造成最大的負面影響？

Q2. 什麼樣的因素會對珊瑚有最好的正面影響？

遊戲規則

共生藻計算卡

(1) 增加共生藻（例：9 個）

能量累積區

共生藻累積區 6 7 8 9 1 2 3 4 5

(2) 減少共生藻（例：6 個）

影響因子

影響珊瑚生長的因素，效果是增加或減少珊瑚的共生藻數量。可分為人為因子（藍色）、生物因子（綠色）、及環境因子（紅色）。

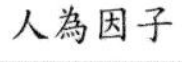

人為因子

藍色：人為因子
對於珊瑚的影響

生物因子

綠色：生物因子
對於珊瑚的影響

環境因子

紅色：環境因子
對於珊瑚的影響

命運卡牌

影響溫室氣體含量的因素，效果是以倍數增加或減少珊瑚的共生藻數量。

影響溫室氣體因子

珊瑚白化

珊瑚白化時，遇到任何攻擊都不受影響。如果下回合未增加共生藻，珊瑚才會正式死亡。例：如果再減少五個共生藻，珊瑚白化，但尚未死亡。

活動設計者：台南市楠西國中 蘇郁珺老師

設計理念

每個孩子心裡都有片美麗的海，但卻不知道這片海常被我們理所當然的生活習慣傷害，本課程結合環境保育與藝術創作，孩子們能用針線勾織出海洋的美麗，但同時也了解海洋垃圾危害的事實，產生美麗與破壞的衝突，引導孩子思考若再重新選擇，對於這片海洋，孩子們是否能做出不一樣的選擇？將以海洋之美與海塑汙染為主題，透過海洋教育、環境教育宣導，了解塑膠製品對海洋的影響，結合針織美麗海洋，喚醒更多人心中那片澄淨的海，也讓大家跟上新海洋運動：少用塑膠類製品的新潮流。

九年一貫環境教育能力指標

環境教育

1-1-2 藉由身體感官接觸自然環境中的動、植物和景觀，啟發、欣賞自然之美，並能以畫圖勞作和說故事的方式表達對動、植物和景觀的感受與敏感。

1-2-2 覺知自己的生活方式對環境的影響。

3-3-1 瞭解人與環境互動互依關係，建立積極的環境態度與環境倫理。

3-3-3 能養成主動思考國內與國際環保議題並積極參與的態度。

4-2-4 能運用簡單的科技以及蒐集、運用資訊來探討、瞭解環境及相關的議題。

5-2-3 執行綠色消費、環境保護節目及環境關懷行動。

藝術與人文

1-1-1 嘗試各種媒體，喚起豐富的想像力，以從事視覺、聽覺、動覺的藝術活動，感受創作的喜樂與滿足。

綜合活動

1-4-1 體會生命的起源與發展過程，並分享個人的經驗與感受。

4-4-2 分析人為和自然環境可能發生的危險與危機，擬定並執行保護與改善環境之策略與行動。

社會

9-4-7 關懷全球環境和人類共同福祉，並身體力行。

教學目標

一、學生能了解海洋環境的困境。

二、學生能獲得環境保護的知識和方法。

三、學生願意將學到的環境保護方法落實在生活中。

適合對象：國中生

教學時間：13 堂課（一堂 45 分鐘）

其他非正式課程之活動

1. 課餘宣導（利用下課、飯後進行宣導）：

結合國立海生館的「海龜行動教育箱」課程教具，及自製宣導、減塑活動打卡板等輕鬆活潑的方式，讓孩子們對減塑愛地球的信念更加印象深刻，進而成為實際生活行動。

2. 全校宣導

透過教師的減塑經驗分享，讓減塑的方式可以更具體、更貼近，也支持著願意一同擁有減塑信念和行動的學生。

3. 環境教育融入校園愛心跳蚤市場：

透過針織技巧的創意，教師製作針織杯墊、針織杯套等，持續宣導少用塑膠袋的愛海理念。

4. 海科館參訪：

許多學生的生活經驗離海很遠，透過海科館參訪、親近海洋，進而能夠知海、愛海，願意以行動與信念護衛海洋。

第一課：畫出心目中的海

（一堂課，共 45 分鐘）

教學活動	教學資源	時間	目標評量
一、教師引言： 教師分享和家人去海邊玩的經驗，也邀請學生分享去海邊的經驗。		10 分鐘	✓ 口頭分享 ✓ 課堂專注
二、主要活動： 1. 教師邀請全班同學，自由到黑板上畫出心目中海的樣子。全班同學共同完成一幅海邊的畫。 2. 教師從黑板上的畫作，與學生討論海的樣子。		20 分鐘	
3. 教師播放台南黃金海岸的照片：學生從照片中看到美麗海岸的不美麗，海邊的垃圾充斥。	海邊照片 PPT	10 分鐘	
三、綜合活動： 大家心裡都有個美麗的海，但其實地球上的海岸都面臨垃圾的危害，下週我們要到海邊淨灘，看看到底海邊有哪些垃圾。		5 分鐘	

第二課：海邊的美麗與哀愁

（一堂課，共 45 分鐘）

教學活動	教學資源	時間	目標評量
淨灘活動： 1. 教師播放國內外海灘垃圾成堆的照片及影片。 2. 教師展示實際從海邊撿回的垃圾，並且與學生討論垃圾可能的來源。 3. 教師與學生討論垃圾對海洋及海洋生態的影響。	海邊垃圾	45 分鐘	✓ 口頭分享 ✓ 認真投入

第三課：海洋垃圾的危機

（一堂課，共45分鐘）

教學活動	教學資源	時間	目標評量
一、教師引言： 從上週的海洋垃圾堆中，我們發現在海邊到處都是人類產生的垃圾，尤其是菸蒂、寶特瓶、塑膠餐具等垃圾，回顧分享與討論。		10 分鐘	✓ 口頭分享 ✓ 完成學習單
二、主要活動： 1. 教師與學生討論生活中製造垃圾的各式習慣。 2. 教師播放「台客劇場」減塑生活影片。 3. 小組腦力激盪：透過影片，記錄及討論減少垃圾的可能方式。	台客劇場影片《便利人生一週累積多少垃圾？》 https://www.youtube.com/watch?v=HaDNpVR6zqQ 台客劇場影片《揭開澎湖海邊的真相》 https://www.youtube.com/watch?v=A7S103-E-ZE 學習單	30 分鐘	
三、綜合活動： 海洋垃圾的氾濫需要大家的重視，減塑生活從平常的日子一點一滴做起，也許有些不方便，但為了我們生活的地球，嘗試從生活中有些改變，地球會因為我們而更美好。		5 分鐘	

第四課：減塑生活啟動——自製環保餐具袋

（兩堂課，共90分鐘）

教學活動	教學資源	時間	目標評量
一、教師引言： 我們發現在海洋垃圾中，不可分解的塑膠類製品非常多，也顯示我們生活中使用大量的塑膠類製品，如：塑膠袋、塑膠吸管、塑膠餐具等等。但這些塑膠製品常常用了一次就丟，不但非常浪費，更造成環境汙染。		5分鐘	✓ 完成作品
二、主要活動： 1. 利用自己不要的衣物褲等，再製成環保餐具袋，減少塑膠餐具的使用及汙染。 2. 教師將班上同學分組，以利互相協助。 3. 教師說明餐具袋的結構、製作方式。 4. 學生利用課堂時間完成作品。	學生自行攜帶的淘汰衣褲布料 縫針線 剪刀 餐具套製作 PPT	80分鐘	
三、綜合活動： 平常生活中做一些簡單的改變，無論是減少使用一次性餐具、塑膠袋等塑膠製品，都是大家從小事做起、積少成多，也能讓大海變得美麗，活在地球上的人們和生物也能越來越健康。		5分鐘	

第五課：針織珊瑚——入校分享

（三堂課，共 135 分鐘）

教學活動	教學資源	時間	目標評量
藉由海科館團隊與藝術家 Sue，學生能認識不同珊瑚，也了解珊瑚在台灣的分布及現況，並且透過 Sue 的海洋藝術經驗和學生分享，帶領學生進行針織珊瑚的創作，能夠對海有多一分的認識和愛護。	毛線 勾針	135 分鐘	✓ 口頭分享 ✓ 課堂專注 ✓ 認真學習針織

第六課：美麗海洋共同創作

（三堂課，共 135 分鐘）

<table>
<tr><th>教學活動</th><th>教學資源</th><th>時間</th><th>目標評量</th></tr>
<tr><td>一、教師引言：
藉由上週海科館帶來的針織珊瑚活動，大家最印象深刻的是什麼？</td><td></td><td rowspan="3">135 分鐘</td><td rowspan="3">✓ 口頭分享
✓ 完成分內指定部分
✓ 能與他人分工合作</td></tr>
<tr><td>二、主要活動：
指導教師在課堂帶領學生繼續針織珊瑚的創作，並將同學分組（珊瑚組、美工組、布置組、機動組），同心協力集結大家的作品完成集體創作。</td><td>毛線
勾針
環保回收素材</td></tr>
<tr><td>三、綜合活動：
我們這學期加入了許多海洋教育的課程，從認識海、海洋的美麗與哀愁，以及知道有哪些方法可以減少對海洋環境的破壞，我們一起淨灘、一起做環保杯袋，我們一點一滴的努力都會讓海變得更漂亮，生活在地球上的大家也可以更美好、更健康。最後透過大家針織珊瑚的作品，我們一起共同創作，要將愛護地球的善念傳達出去，也莫忘初衷。</td><td></td></tr>
</table>

國小教學教案1：陸上造礁

活動設計者：新竹市頂埔國小 鄭雅文老師、陳怡茹老師

設計理念

地球最獨特的標記就是那湛藍浩瀚的海洋，現時所知的星球裡，沒有一個像地球般，擁有如此大量的液態水分。數十億年前，最原始的生命體是在海洋那溫暖的懷抱中誕生，隨後更延伸至陸地，發展出多姿多采的陸地生態。今天，海洋是至少一億種生物的家，從最「嬌小」的浮游植物，甚至到體型最龐大的藍鯨，都是海洋的居民。

但由於人類毫無節制的開發所製造出來的種種汙染問題，不僅危及人類在陸地上的生存，也使浩瀚的海洋變成一個超大型垃圾場。家庭汙水、工業廢水、廢棄物排放海中，肥料及農藥排放海洋等，引起藻類繁茂，又隨著海上運輸量增加、海上事故頻傳，造成大量的原油及化學物質的洩漏，這些都對海洋環境造成無可彌補的傷害。海洋生物的死亡，尤其有熱帶雨林群之稱的珊瑚大量死亡，生態環環相扣，最後會影響人類健康及帶來生命威脅。

課程設計讓孩子們了解海洋汙染的原因，然後用藝術創作連結孩子美感經驗，守護海洋。首先以海洋浩劫的新聞以及漏油的紀錄影片，讓孩子們知道海洋汙染的狀況，請他們用馬諦斯的剪紙方式表達對於此事件的關心。接著介紹英國環保行動藝術家 Sue Bamford「陸上造礁—針織珊瑚」的藝術活動，帶孩子編織海洋珊瑚，藉由手作喚起對海洋環境呵護之心、欣賞海洋生態之美。

九年一貫環境教育能力指標

藝術與人文

1-3-1 探索各種不同的藝術創作方式，表現創作的想像力。

1-3-2 構思藝術創作的主題與內容，選擇適當的媒體、技法，完成有規劃、有感情及思想的創作。

1-3-3 嘗試以藝術創作的技法、形式，表現個人的想法和情感。

海洋教育能力指標

3-3-7 透過藝術創作的方式，表現對海洋的尊重與關懷。

5-3-6 蒐集海洋環境議題之相關新聞事件（如海洋汙染、海岸線後退、海洋生態的破壞），瞭解海洋遭受的危機與人類生存的關係。

環境教育能力指標

1-1-2 藉由身體感官接觸自然環境中的動、植物和景觀，啟發、欣賞自然之美，並能以畫圖勞作和說故事的方式表達對動、植物、生態和景觀的感受與敏感度。

2-3-1 能了解本土性和國際性的環境議題及其對人類社會的影響。

3-1-1 經由接觸而喜愛生物，不隨意傷害生物和支持生物生長的環境條件。

5-1-2 能規劃、執行個人和集體的校園環保活動，並落實到家庭生活中。

教學目標

一、認識色彩的藝術大師馬諦斯及其代表作品

1. 了解馬諦斯畫作的技巧與風格。
2. 能討論海洋所面臨的種種問題。
3. 能用馬諦斯的剪紙技法，表達海洋汙染的問題。

二、認識英國環保行動藝術家 Sue Bamford 及其代表作品

1. 了解 Sue Bamford 的創作技巧與風格。
2. 能學習手作編織珊瑚，表達對珊瑚白化、海洋傷害的不捨之情。

適合對象：國小三～五年級

教學時間：8 堂課（一堂 40 分鐘）

教學活動

教學活動	教學資源	時間	目標評量
一、準備活動 認識馬諦斯及欣賞其畫作。 1. 介紹馬諦斯 馬諦斯是法國才華出衆的藝術家，是畢卡索的好朋友，也是野獸派的重要代表人物。野獸派的畫家通常都喜歡用上紅、黃、藍、綠四種強烈色彩和強勁的筆觸，把物體「簡單化」。馬諦斯晚年因病開刀，只能在床鋪或輪椅上活動，這時他開始用剪刀當畫筆，展開剪貼藝術的創作階段。因為剪紙創作，他的房間變成了一座彩色屋。 2. 欣賞馬諦斯的珊瑚相關作品 色彩繽紛的珊瑚礁，像伸了爪子般如此活躍，彎曲的形體和流線的輪廓，是馬諦斯爵士系列的精神符號。雖然邁入老年的馬諦斯無法親自動手作畫，但他剪紙的技術仍是如此滑順高超，也難怪反而開創了他繪畫生涯的另一個高峰。	馬諦斯影片與畫作	40 分鐘	✓ 藝 1-3-1

教學活動	教學資源	時間	目標評量
二、發展活動 （一）介紹珊瑚 1. 認識珊瑚 珊瑚是屬於腔腸動物，其中，最小的生存單位是「珊瑚蟲」。單獨一個的珊瑚蟲可以分裂或出芽方式形成更多的新珊瑚蟲，這個時候眾多的珊瑚蟲稱之為「珊瑚群體」，珊瑚就是利用這種增加珊瑚蟲數目的方式來生長。珊瑚群體中每一個珊瑚蟲的外形、構造、功能雖然大同小異，但牠們彼此的連結方式卻不相同，這也就是為何有那麼多不同外觀形狀珊瑚的原因了。大多數的造礁珊瑚組織本身並沒有色素，牠們的顏色多半來自共生藻的顏色。 2. 觀賞大堡礁的影片及圖片 3. 觀賞珊瑚浩劫及藻類問題影片 與小朋友討論影片內容，請小朋友思考解決珊瑚白化的方式。	大堡礁的影片及圖片 珊瑚浩劫及藻類問題影片	40 分鐘	✓ 海 3-3-7 ✓ 海 5-3-6

教學活動	教學資源	時間	目標評量
4. 說明珊瑚白化的原因 什麼是珊瑚白化？白化是指這些原本色彩豐富的珊瑚，失去了顏色而變白的現象。真正的過程，其實是珊瑚排出了體內的共生藻，或者色素被破壞所致。在健康的狀態下，珊瑚體內含有許多共生藻，這些共生藻進行光合作用，供應珊瑚營養來源，促進珊瑚的生長和新陳代謝。這種密切的共生關係，使得珊瑚礁擁有很高的生產力，也使牠成為海洋生物聚集的大都會。珊瑚白化代表著這種共生關係的破壞，珊瑚礁生態系在此時面臨了崩潰的危機。 (1) 缺乏陽光 排放到海裡的汙水中，有許多營養物會促進海藻生長，這些藻類會擋住照射到珊瑚礁群的陽光，並減低水中的含氧量，海藻甚至可以完全將珊瑚礁覆蓋住。當汙泥從陸地沖入海洋，也會降低投射在珊瑚礁上的光線，甚至包裹住珊瑚，阻礙新生珊瑚的成長。此外，工業廢棄物、油汙及漁船的沉積物等也都會危及珊瑚礁。	吉尼號漏油事件影片	80 分鐘	✓ 環 1-1-2 ✓ 環 2-3-1 ✓ 環 3-1-1 ✓ 環 5-1-2

教學活動	教學資源	時間	目標評量
(2) 全球暖化和氣候異常 全球大氣增溫造成的另一個現象是海洋表面平均溫度升高。只要熱帶表層水溫改變幾度，就會對珊瑚礁造成明顯的影響。溫度的改變也會影響珊瑚礁周圍局部地區的天氣系統，如聖嬰現象可能使強烈暴風增多。暴風除了帶來波浪，直接對珊瑚造成機械性傷害外，還會讓沉積物覆蓋在珊瑚上，干擾珊瑚生長。珊瑚礁的崩潰，會使海洋生物失去生育的場所，導致漁業資源枯竭；海岸也會因為失去珊瑚礁的屏障，而更容易受到暴風的侵襲。全球珊瑚白化，將使數百萬人面臨失業的危機，更嚴重的是地球將失去一項珍貴的自然資產。 5. 觀賞吉尼號漏油事件影片 討論油汙對於海洋生態的影響。	吉尼號漏油事件影片	80 分鐘	✓ 環 1-1-2 ✓ 環 2-3-1 ✓ 環 3-1-1 ✓ 環 5-1-2
（二）小朋友實際創作 請孩子們化身為馬諦斯的依卡，運用馬諦斯的風格，用剪紙的方式，告訴全世界要愛護我們的海洋，請不要再用任何不當的方式破壞她，讓我們的海洋生生不息。 （三）針對作品進行賞析		160 分鐘	✓ 藝 1-3-2 ✓ 藝 1-3-3

活動設計者：基隆市正濱國小 吳愷翎老師

設計理念

此為正濱國小高年級整個學期以環境議題為主軸的藝術跨領域學習課程，跨了自然、數學、英語、海洋教育；課程內容包含英國藝術家到校、環境藝術家劉其偉複製畫巡迴展相關課程、海洋科技博物館入校珊瑚課、小朋友戶外教育——珊瑚復育與潮境踏查、我的國際筆友、珊瑚裝置藝術——海裏的祕密花園、針織珊瑚創作展等六個大大小小的教學活動。

透過這完整的教學架構，讓孩子學習溝通互動、創造孩子社會參與的機會；透過藝術的教育，引發孩子能夠在生活環境展現自主行動的能力。

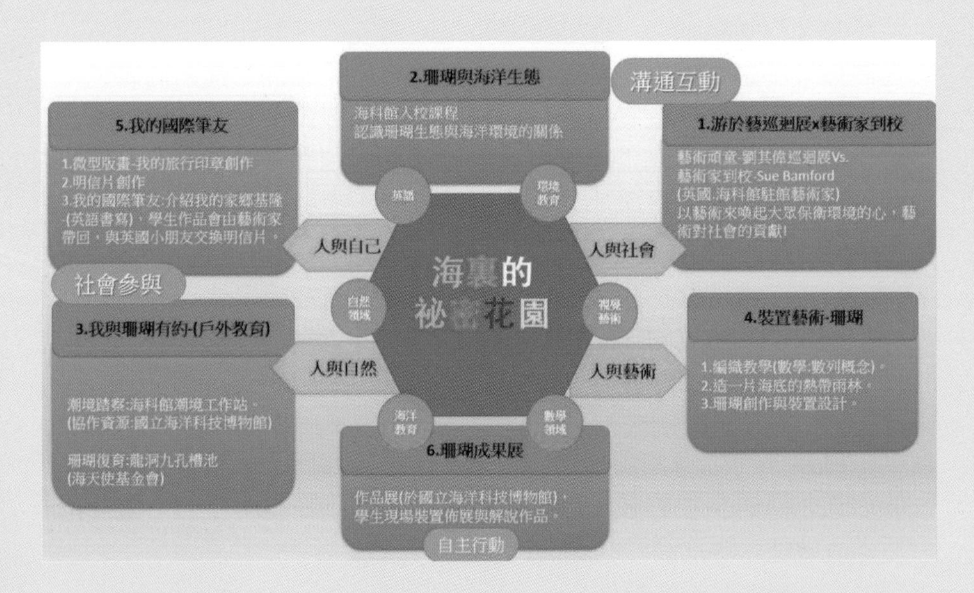

基隆鄰近台灣東北角的海岸，除了國際商港更有許多當地人賴以為生的漁港。這座天然良港擁有珍貴的海域資源，

卻因長久以來人們欠缺環境意識的行為致使海裡生物銳減及海岸嚴重汙染。

八斗子潮境公園因海科館近年來的復育計畫及禁捕與採集，使得海岸生態漸漸恢復美好。我們在潮間帶能見到豐富的小生物，潛水也再度發現許多小珊瑚。珊瑚能健康生長，可說是海洋生物多樣性的指標之一。

台灣因溫暖的氣候以及特殊的岩岸地形才有珊瑚分布，而今全球氣候改變，海水溫度上升，使得海底的生態產生了變化，藻類的消失讓珊瑚漸漸減少了美麗的色彩。我們的教學設計透過這個課程讓孩子主動對環境關懷，用藝術行動表達對海洋環境的愛與關注。

美麗的姿態、繽紛的色澤，珊瑚是海底最迷人的生物之一，而珊瑚的健康狀態卻是海洋環境與生物多樣性的指標。透過環境藝術欣賞以及海洋課程引導孩子進入多元創作的領域，察覺生活周遭的海域，發現珊瑚之美，了解環境與人類生存是息息相關的，進而培養孩子關懷環境、愛護海洋的心，並且透過創作來引發大家對環境的關懷。

而本篇教案以「真愛海洋－珊瑚創作」——「海裏的祕密花園」為教學設計，希望透過這篇案例分享，讓同在教育線上的老師們參考與運用。

國民教育階段藝術教育、海洋教育、環境教育之素養指標

藝術與人文領域能力指標

藝 -E-A1 參與藝術活動，探索生活美感。

藝 -E-B3 感知藝術與生活的關聯，以豐富美感經驗。

藝 -E-C1 識別藝術活動中的社會議題。

藝 -E-C2 透過藝術實踐，學習理解他人感受與團隊合作的能力。

藝 -E-C3 體驗在地及全球藝術與文化的多元性。

藝術結合環境教育與海洋教育之指標

環 B3 能欣賞、創作與環境相關的藝術與文化，體會自然環境與人造環境之美，豐富美感體驗。

海 B3 能欣賞、創作有關海洋的藝術與文化，體會海洋藝術文化之美，豐富美感體驗，分享美善事物。

環境教育與海洋教育素養（國小部分）

◆環境教育

E30 覺知人類的生活型態對其他生物與生態系的衝擊。

E39 覺知人類生存與發展需要利用能源及資源，鼓勵生活中直接利用自然能源或自然形式的物質。

◆海洋教育

E46 認識家鄉或鄰近的水域環境與產業。

E51 透過肢體、聲音、圖像及道具等，進行以海洋為主題之藝術表現。

海洋教育——高年級能力指標

3-3-7 透過藝術創作的方式，表現對海洋的尊重與關懷。

5-3-4 覺察海洋生物與人類生活的關係。

5-3-7 探討海洋生態保育與生活的關係。

教學目標

1. 認識英國環境藝術家 SueBamford 與劉其偉展的保育系列，了解家鄉的珊瑚生態與海洋保育的重要。

2. 透過藝術創作，加深孩子對珊瑚生態的認識，並藉由藝術活動喚起孩子對海洋的珍惜行動。

3. 讓孩子學習複合媒材操作的能力，學習線材針織、異材質接合的技巧，培養學生合作學習的團隊精神，共同完成富有創意的裝置作品。

4. 學生能夠分工合作，發揮所長，共同完成珊瑚裝置作品。

學習重點

一、認知方面

1. 引導學生認識藝術家劉其偉與他的「保育系列」。

2. 介紹學生欣賞以天然素材或軟雕塑材質製作的國內外藝術家空間裝置之作品。

3. 引導學生了解珊瑚生態，以此作為創作題材，認識環境與藝術創作的關係。

二、技能方面

1. 學生能發揮創意，將線材結合各類材料完成海洋生物珊瑚造型作品。

2. 學生能學會如何正確使用身邊各種工具（裁切、接著、勾針等工具）。

3. 學生能使用各種不同的工具，運用各類回收再利用的素材，手腦並用發揮創客精神。

三、情意方面

1. 經由藝術欣賞與創作讓孩子認識海洋、保護珊瑚、捍衛環境。

2. 經由藝術活動提升孩子對家鄉海洋文化的認同。

3. 讓學生以合作學習方式完成多元材質創作，培養團隊精神，以藝術行動來表達對環境的關愛。

跨領域策略

1. 認識英國藝術家，與藝術家互動。（英文）
2. 針織針法（藝術與數學－數列）、國際筆友。（藝術與英文）。
3. 合作學習法——學生集體創作、學生布展、介紹作品。（藝術與語文）
4. 戶外教育——潮境工作站與龍洞九孔池珊瑚復育。（自然、海洋）
5. 館校合作——國立海洋科技博物館珊瑚講座。（海洋）

適合對象：國小四～六年級

教學時間：完整課程 19 堂課，跨領域包含戶外教學約 10 堂課（一堂 40 分鐘）

教學活動

一、環境藝術到正濱——英國環境藝術家 Sue Bamford 到校與劉其偉展

教學活動	教學資源	時間	目標評量
談談環境藝術家 Sue Bamford vs. 劉其偉。 海科駐館藝術家可說是個環境保衛大使，她的創作常常利用她在海邊撿拾的垃圾加以組合，她的作品環繞著環境議題，小小的作品卻能深深的發人省思。 曾經到落後國家駐村，還將與當地居民共創的許多小作品（邦尼兔子）義賣捐給那個村子蓋小學，讓小朋友可有機會讀書。這位藝術家就像劉其偉爺爺一樣充滿了愛，也是一位親和力極佳的藝術老師。 她隨著海科館研究員一起到校，介紹自己的藝術與珊瑚創作，並一同與學校老師教小朋友製作針織珊瑚。（在場請校內英文老師協同）	教學 PPT 廣達游於藝網頁（劉其偉作品） http://www.quanta-edu.org/event_works_view.aspx?no=376&d=8&n=28	40 分鐘	✓ 認識遠方來的藝術家；小朋友能說說看藝術家和劉其偉一樣的地方 ✓ 能用簡單的英文問候語與藝術家對話

二、珊瑚與海洋生態

教學活動	教學資源	時間	目標評量
1. 認識海洋與珊瑚 由海科館的研究員引導孩子認識珊瑚生態、珊瑚種類、台灣東北角的海洋環境與特性。 以問答方式與學生互動，讓小朋友說說看珊瑚是植物還是動物呢？ ・珊瑚的種類可以分為哪兩大類？ ・珊瑚對海中的生物究竟有什麼重要性呢？	教學 PPT（海科） 海科館入校課程	40 分鐘	✓ 能說出珊瑚的生長海岸地形 ✓ 能分辨六放（石珊瑚）與八放（軟珊瑚）以及珊瑚礁
2. 認識台英兩國的海洋保衛計畫 由海科館陳麗淑博士介紹基隆的潮境生態保育禁止採集計畫，以及英國海洋保育的「海神計畫」，透過這兩個計畫，讓孩子知道世界對於捍衛海洋環境的趨勢與實質做法。 引導孩子想一想，如何盡自己小小的力量，將這些觀念傳達給家人、朋友，將愛護海洋的心化為實際行動。		20 分鐘	✓ 能了解珊瑚與海洋生態的關係 ✓ 能舉例說出如何保衛海洋環境

三、我與珊瑚有約——龍洞灣珊瑚復育實際行動

教學活動	教學資源	時間	目標評量
帶領學生與基隆女中等學校，參與中小學跨校當孩子真實的協同課程，帶領學生前往東北角龍洞灣、海天使基金會、珊瑚復育基地，實地觀察工作站復育並實際操作一種珊瑚。 1. 引導學生了解珊瑚復育工程，包含用鉗子幫珊瑚剪枝分株，運用童軍繩把小珊瑚固定，再由潛水老師協助將完成的珊瑚分株串植入九孔槽池等待珊瑚長大。 2. 引導孩子觀察臨海漁村風貌。 3. 請小朋友說出自己觸摸珊瑚的感覺，與同學分享珊瑚復育的心得與感受。提示學生十一月能進入海科館潮境工作站參觀更美麗的海洋生物與珊瑚復育養殖區。	教學 PPT（海科） 海科館入校課程	160 分鐘	✓ 能正確操作工具與完成珊瑚剪枝與串接 ✓ 能了解漁村與漁民生活 ✓ 能說出復育珊瑚的心得與想法

四、「海裏的祕密花園」裝置藝術——珊瑚

教學活動	教學資源	時間	目標評量
1. 認識環境藝術 介紹國內外媒材創作藝術家，除了平面繪畫，有許多藝術家也會運用各種生活中容易取得的媒材來進行三度空間的立體創作。透過欣賞，引導學生探索媒材與創作主題的關係。 介紹幾位國內外藝術家的軟雕塑，讓孩子看看他們的作品。 ・說說看藝術作品給你的感覺是什麼？ ・討論看看這些藝術家用了哪些材料？ ・說說看這些作品陳列於怎麼樣的空間？ ・想一想，選用這些材料，軟軟的素材給人的感覺是什麼？	海洋的對話（潘娉玉作品，2001） 沉默最滿（崔惠宇作品，2016） 吹氣（康雅筑作品，2015） 日本藝術家 Toshiko Horiuchi MacAdam 英國地景藝術家 Andy Goldsworthy，擅長將大自然的資源與現象融入在作品創作中 2016 海科館潮藝術作品（西班牙藝術家易斯特） 德國藝術家 Wolfgang Laib 歐美針織珊瑚的展出	30 分鐘	✓ 能透過討論方式，分析作品的色彩、造型等，並說出這些造型要素所產生的感覺 ✓ 透過分組討論，能講出創作方式與材料所產生的效果差異；說出自己喜歡的樣式
2. 分組討論 同樣都是藝術創作，請小朋友探討劉其偉的動物系列（平面混合媒材），與當代藝術家的（立體複合媒材）的差異，並說說看自己喜歡的樣式。		10 分鐘	✓ 小組討論可用的素材

<table>
<tr><th>教學活動</th><th>教學資源</th><th>時間</th><th>目標評量</th></tr>
<tr><td rowspan="2">3. 藝術跨域——編織與數列
(1) 勾針基礎教學與體驗：
勾針教學部分，搭配網路教學影片，並邀請社區媽媽及海科館志工阿姨、學校圖書館媽媽一起入班協同教學。
(2) 老師在課程之前，利用午休或早自習先行個別指導部分學生基礎針法，以便教學時孩子們能合作學習。
・起針（每個人都要會）
・鎖鏈針（每個人都要會）
・短針（初階版）
・長針（進階版）
・午休社團加強版：短、長針等加數列 112-112
・午休社團加強版：圓盤等加數列 122-122</td><td rowspan="2">起針教學影片
https://www.youtube.com/watch?v=AiW_GGCg1jM</td><td>40 分鐘</td><td rowspan="2">✓ 能徒手編織或運用勾針製作鏈狀編織（全班學生都要會）
✓ 能運用勾針完成短針或長針編織（目標：35 ～ 40% 學生達成）
✓ 能團隊合作
✓ 能善用工具</td></tr>
<tr><td>80 分鐘</td></tr>
</table>

教學活動	教學資源	時間	目標評量
4. 天然素材——植物染線製作（復育珊瑚） 引導孩子認識天然的毛線和棉線，讓他們分辨聚合纖維與天然棉線的差異。 指導學生使用學校午餐廚房收集的洋蔥皮和果皮來染棉線，再運用染好曬乾的棉線編織珊瑚（表現復育中的珊瑚）。	熬煮洋蔥皮染線 百香果皮低溫浸染 晾乾染好的棉線 整理線便於編織 植物染的珊瑚	40 分鐘	
5. 珊瑚樂高（積木） 讓小朋友用勾好的珊瑚練習排列組合。 引導孩子將做好的珊瑚物件排列構圖，提示學生要注意造型與色彩的空間安排。 用手機拍攝完成的畫面，也可以放入網路相本，運用網站程式彙整數張相片，編輯為 GIF 檔案格式的迷你小動畫。		80 分鐘	✓ 能分組於手機操作影像製成 GIF 動畫

教學活動	教學資源	時間	目標評量
6. 創作發想與討論 讓孩子將創作發想，繪製為設計圖。 ・請小朋友想一想，你表達的海洋珊瑚生態是快樂的還是憂傷的？ ・想一想，除了用針織來創作作品，還有哪些材料可以使用？ ・想一想，一個立體構成的裝置作品，要怎樣呈現出低中高的三度空間？ ・想一想，要怎樣讓你的作品看起來繽紛而不雜亂？（色彩提示）	學生設計圖	40 分鐘	✓ 於素描本畫下設計圖，並以文字說明使用素材
7. 學生共同創作 讓學生分組創作，老師引導團隊以及個別指導工具操作技巧。過程中，要不斷的提示孩子空間與色彩的搭配，並選擇適用的工具來處理各種媒材。		200 分鐘	✓ 能正確運用美工刀、膠水、黏膠或者膠帶以及其他工具來組合作品 ✓ 能善加運用各類回收素材，善用藝術教室內的設備來創作複合媒材的裝置作品

五、我與紅髮 Sue 有約——國際筆友（英文校慶邀請卡）

教學活動	教學資源	時間	目標評量
藝術課讓小朋友設計邀請卡，與英文老師協同，請英文老師指導孩子邀請卡書寫，讓孩子介紹自己的學校，並邀請 Sue 來參加我們的校慶活動。 於寄出一週後，收到藝術家 Sue 的回信並且答應會來參加校慶，小朋友超開心。	學生製作的邀請卡	40 分鐘	✓ 能運用英文以正確書信格式書寫邀請卡

六、集創成果展示（海科館展覽）

教學活動	教學資源	時間	目標評量
我們的作品完成了，將裝置好的作品展示於教室，讓小朋友互相觀察彼此的小珊瑚（小細件）。 ・引導孩子說說看自己喜歡作品的哪個部分？ ・說說看還可以怎樣調整會更好？學會欣賞自己也欣賞別人。 由老師與學生代表帶我們共同創作的珊瑚裝置前往海科館的大廳布置參加展出。		40 分鐘	✓ 能說出喜歡的作品（同學的或自己的）並說出喜歡的原因

國家圖書館出版品預行編目資料

珊瑚很有事 Coral & Crochet Reefs／國立海洋科技博物館著. ——初版.——臺北市：五南, 2019.01
面； 公分
ISBN 978-957-763-184-8（平裝）

1.珊瑚 2.自然保育 3.手工藝

386.394 107020685

5I0A

珊瑚很有事
Coral & Crochet Reefs

策　劃— 國立海洋科技博物館
計畫主持人— 吳俊仁
總編輯— 陳麗淑
文字審查— 戴昌鳳、張睿昇
珊瑚保育部分
文字作者— 鄭淑菁、黃建華
環境藝術部分
文字作者— 鄭淑菁
針織手作部分
文字作者— 王彬如、林乃正
針織作者— 王桂涵、杜麗娜、施吳淑惠、葉玉琴、劉招芬
攝　影— 王銘祥、林乃正、林茂榮、陳宗偉、黃淑真、張蔭昌、鄭淑菁、戴昌鳳

本書為「2018真愛海洋系列活動計畫」專刊，由行政院環保署、關渡自然公園及匯豐(台灣)商業銀行股份有限公司部分經費補助

GPN:1010800277 ISBN:978-957-763-184-8

發行人— 楊榮川
總經理— 楊士清
主　編— 高至廷
封面設計— 蝶億設計
出版者— 五南圖書出版股份有限公司
地　址：106台北市大安區和平東路二段339號4樓
電　話：(02)2705-5066　傳　真：(02)2706-6100
網　址：http://www.wunan.com.tw
電子郵件：wunan@wunan.com.tw
劃撥帳號：01068953
戶　名：五南圖書出版股份有限公司
展售處
國家書店松江門市
地址：104台北市松江路209號1樓　電話：(02)2518-0207
台中五南文化廣場
地址：400台中市中區中山路6號　電話：(04)2226-0330

法律顧問　林勝安律師事務所　林勝安律師

出版日期　2019年1月初版一刷
定　價　新臺幣360元